W0256150

Dagmar und Ernst Lautenschlager-Fleury

Die Weiden von Mittel- und Nordeuropa

Bestimmungsschlüssel und Artbeschreibungen
für die Gattung *Salix* L.

Springer Basel AG

Fotografien, Umschlagbild und alle Zeichnungen von Ernst Lautenschlager, Basel. Fotografien und Text der Seiten 24 und 25 von Helgard Zeh, CH-3076 Worb.

Diese überarbeitete und erweiterte Neuauflage basiert auf der Grundlage des 1989 erschienenen Werkes „Die Weiden der Schweiz und angrenzender Gebiete".

Die Deutsche Bibliothek – CIP-Einheitsaufnahme

Lautenschlager-Fleury, Dagmar:
Die Weiden von Mittel- und Nordeuropa :
Bestimmungsschlüssel und Artbeschreibungen für die Gattung
Salix L. / Dagmar und Ernst Lautenschlager-Fleury. – Überarb.
und erw. Neuaufl. – Basel ; Boston ; Berlin : Birkhäuser, 1994
ISBN 978-3-0348-5624-9
NE: Lautenschlager, Ernst

Das Werk ist urheberrechtlich geschützt. Die dadurch begründeten Rechte, insbesondere die der Übersetzung, des Nachdruckes, der Entnahme von Abbildungen, der Funksendung, der Wiedergabe auf photomechanischem oder ähnlichem Wege und der Speicherung in Datenverarbeitungsanlagen bleiben, auch bei nur auszugsweiser Verwertung, vorbehalten. Die Vergütungsansprüche des § 54, Abs. 2 UrhG werden durch die „Verwertungsgesellschaft Wort", München, wahrgenommen.

© 1994 Springer Basel AG
Ursprünglich erschienen bei Birkhäuser Verlag, Postfach 133, CH-4010 Basel, Schweiz 1994
Softcover reprint of the hardcover 2nd edition 1994

ISBN 978-3-0348-5624-9 ISBN 978-3-0348-5623-2 (eBook)
DOI 10.1007/978-3-0348-5623-2

Gedruckt auf säurefreiem Papier, hergestellt aus chlorfrei gebleichtem Zellstoff
Umschlagsgestaltung: Markus Etterich, Basel

9 8 7 6 5 4 3 2 1

Inhaltsverzeichnis

Vorwort zur ersten Ausgabe

Die Gattung der Weiden *(Salix)* umfaßt etwa 500 Arten, von denen im Gebiet der Alpen ungefähr 40 vorkommen. Im allgemeinen sind Weiden unauffällige Sträucher und kleine Bäume mit rundlichen bis lanzettlichen Blättern, die kaum Beachtung finden. Nur im Frühjahr, wenn sie zum Teil noch vor dem Laubausbruch blühen, fallen sie auf, und die Zweige mit den wolligen Kätzchen werden gerne als erste Frühlingsboten nach Hause genommen. Für die Bienen sind sie die ersten Pollen- und Honiglieferanten im Jahr und deshalb in den meisten Kantonen der Schweiz unter Schutz (es dürfen nur einzelne Zweige abgerissen werden!)

Während die Weiden in der Natur- und Kulturlandschaft im allgemeinen wenig hervortreten, können sie in Auen und an Ufern landschaftsprägend wirken. Auf vielen Bildern und in Gedichten werden sie festgehalten. Besonders die alten Silberweiden *(Salix alba)*, die einzeln, in Gruppen oder in ganzen Wäldern in den feuchtesten Teilen der Auen oder an Ufern mit stark schwankendem Wasserstand stehen, verbreiten mit ihren durchlichteten Kronen und den mannigfachen Beziehungen zum umliegenden Wasser eine ruhig-heitere Stimmung, die leicht in Wehmut umschlagen kann. So heißt es etwa im ersten Schilflied von Lenau:

„Drüben geht die Sonne scheiden,
und der müde Tag entschlief.
Niederhangen hier die Weiden
In den Teich so still, so tief.
Und ich muß mein Liebstes meiden:
Quill, o Träne, quill hervor!
Traurig säuseln hier die Weiden,
Und im Winde bebt das Rohr."

Der offenen Aue gaben früher die Kopfweiden ein geheimnisvolles Aussehen. Sie erhielten ihre bizarren Formen durch die Tätigkeit des Menschen. Er schnitt die Bäume zur Gewinnung von Ruten, die zu Korbgeflechten verarbeitet wurden, alle 2–3 Jahre auf den kurzen Stamm zurück, wobei sich dieser am oberen Ende an der Schnittstelle verdickte. Die Rutengewinnung hat heute fast keine Bedeutung mehr, und dieses typische Element früherer feuchter Kulturlandschaften ist fast ganz verschwunden. Aber auch die Auen und naturnahen Ufer sind durch Verbauungen und Meliorationen selten geworden

Das wenig dauerhafte, weiche Holz der Weiden wird vor allem zur Papierherstellung und für Kisten verwendet und ist nicht sehr begehrt. Die heutige Bedeutung der Weiden beruht auf vier morphologisch-physiologischen Eigenschaften, die sie gegenüber vielen anderen Holzpflanzen auszeichnen:

1. Fast alle Weidenarten sind Pionierarten. Sie sind sehr anspruchslos in bezug auf Nährstoff- und Wasserversorgung und wachsen deshalb auch auf Rohböden, wie sie etwa nach Erdrutschen, in Überschwemmungsgebieten oder in Kiesgruben entstehen. Dank ihren leichten, mit Haaren versehenen Samen, die durch den Wind viele Kilometer weit verbreitet werden und in wollenen Flocken im späten Frühjahr die

Gegend durchziehen, siedeln sie sich fast auf jeder frei werdenden Fläche innert Jahresfrist an, stabilisieren den Boden und bereiten ihn für konkurrenzkräftigere, anspruchsvollere Vegetation vor. Als Pionierarten sind sie sehr raschwüchsig, werden aber auch nicht sehr alt.

2. Weiden haben eine ausgesprochene Fähigkeit zur raschen und intensiven Bewurzelung. Äste, Ruten und Stammstücke bis zu mindestens 10 cm Durchmesser bewurzeln sich sofort, wenn sie in den feuchten Boden eingesteckt werden. Durch Steckhölzer erfolgte Anpflanzungen sind fast immer erfolgreich und deshalb einfach und preiswert.
3. Junge Zweige und Wurzeln der Weiden sind außerordentlich biegsam und zugfest, so daß sie sich sowohl zum Flechten wie auch zur Befestigung von Hängen und Ufern eignen. Die Holzteile ertragen sowohl Rutschungen wie auch rasch fließende Überschwemmung. Sie sind relativ unempfindlich gegenüber Überschüttung und Steinschlag.
4. Viele Weiden besitzen weite Interzellularäume in den Wurzeln, so daß sie bei Sauerstoffmangel im Boden den Sauerstoff durch innere Hohlraumsysteme den Verbrauchsstellen in den Wurzeln zuführen können. Diese Fähigkeit ermöglicht vielen Weiden (z. B. *Salix alba, S. aurita, S. cinerea, S. purpurea*), mit ihren Wurzeln auch in vernäßte und verdichtete Böden einzudringen, was nur wenigen anderen Holzpflanzen möglich ist. Damit sind sie hervorragend zur Stabilisierung von solchen schwierigen Böden geeignet. In den Subtropen und Tropen gibt es Weidenarten (z. B. Salix humboldtiana), die in Überschwemmungsgebieten jahrelange Wasserbedeckung ertragen können.

Diese vier bei Weiden verbreiteten Eigenschaften erlauben es, je nach den Standortverhältnissen, Weidenarten gezielt zur Ufer- und Hangverbauung, als Vorbau bei Aufforstungen in schwierigem Gelände und zur raschen Bedeckung erosionsgefährdeter offener Stellen zu verwenden. Weiden ermöglichen uns, an vielen Orten von den unschönen landschaftszerstörerischen Beton- und Blockverbauungen abzukommen. Die Weiden müssen allerdings regelmäßig zurückgeschnitten werden, weil dadurch ihre Durchwurzelung intensiv bleibt, die jungen Zweige und Stämme elastischer sind und bei Überschwemmungen und Überschüttungen weniger brechen.

Trotz ihrer Anspruchslosigkeit sind viele Weidenarten in den letzten Jahrzehnten zurückgegangen und gelten heute sogar als gefährdet. Dies vor allem, weil ihre hauptsächlichen Lebensräume, Auen, natürliche Seeufer und Moore, verbaut und melioriert sind. Im schweizerischen Mittelland gibt es nur noch sehr wenige Auen mit einer natürlichen Dynamik. Deshalb ist dort beispielsweise die Reif-Weide *(Salix daphnoides)* in den letzten Jahrzehnten sehr selten geworden, und die in Mooren wachsende Kriechende Weide *(Salix repens)*, die früher sehr verbreitet war, muß heute in weiten Teilen der Schweiz als gefährdet gelten. Die Heidelbeer-Weide *(Salix myrtilloides)*, die schon immer sehr selten war, kommt heute nur noch an einer einzigen Stelle in einem Moor im Toggenburg in wenigen Exemplaren vor und bildet keine lebensfähige Population mehr. Das Verständnis und die Kenntnis der Weidenarten kann helfen, die Lebensräume seltener Arten zu erkennen und zu erhalten.

Das vorliegende Buch von Ernst Lautenschlager, eine erweiterte und umgearbeitete Auflage des 1983 erschienenen „Atlas der Schweizer Weiden“, faßt die neuen Ergebnisse der Weiden-Untersuchungen und -Beobachtungen zusammen und ergänzt die Weidenbearbeitung von Rechinger (1957) in der „Flora von Mitteleuropa“ von Hegi. Neben Beobachtungen von H. Oberli † in Wattwil, der eine große lebende Weidensammlung kultivierte, den Arbeiten von W. Büchler in Wetzikon (mit vielen Chromosomenzählungen) und Bearbeitungen ausländischer Weidenspezialisten dienten vor allem die eigenen Untersuchungen des Autors als Grundlage. Nicht nur eine Reihe von Neufunden im Gebiet werden aufgezählt, sondern auch neue und bessere Umschreibungen und Abgrenzungen von verschiedenen, z. T. auch neu unterschiedenen Sippen herausgearbeitet. Das Erkennen der zahlreich vorkommenden Bastarde wird durch die Beschreibungen erleichtert. Damit ist ein übersichtliches, klares und doch kritisches, fachlich kompetentes Werk entstanden. Der Florist erhält ein gutes Mittel zur Erkennung und Identifizierung der Weiden in der Natur. Der Naturschutzverantwortliche erfährt, welche Weidenart in welchen Gebieten selten oder gefährdet ist und kann entsprechende Maßnahmen zum Schutz einleiten. Für den Praktiker, d. h. vor allem für den im Grünverbau tätigen Ingenieurbiologen, werden zwar keine rezeptartigen Anleitungen zum Gebrauch der Weidenarten empfohlen, aber doch zahlreiche wertvolle Hinweise angegeben. Wer über die morphologische Abgrenzung, den Standort und die Verbreitung der einzelnen Arten Bescheid weiß, kann sie viel gezielter im Grünverbau einsetzen. Er ist namentlich auch in der Lage, die geeigneten Arten aus der Umgebung selbst zu holen und erhält damit die Sicherheit, daß er klimatisch angepaßtes Material verwendet.

Es bleibt zu wünschen, daß das vorliegende Buch zur Bearbeitung der noch vielen taxonomischen und ökologischen Probleme um die Weiden anregt und die Ausnützung der vielfältigen und interessanten Eigenschaften der einzelnen (auch selteneren) Weidenarten im Grünverbau fördert.

Zürich, im Sommer 1988

Professor Dr. Elias Landolt
Vorsteher des Geobotanischen Institutes
der Eidg. Techn. Hochschule Zürich

Vorwort zur Neuauflage

Das vorliegende Buch, das auf der Grundlage des 1989 erschienenen Werkes „Die Weiden der Schweiz und angrenzender Gebiete“ entstand, beschreibt die neuen Ergebnisse der Weiden-Untersuchungen und umfaßt neben mitteleuropäischen auch zahlreiche nordische Weiden (Salices). Es ermöglicht damit den Vergleich alpiner und nordischer Weiden und zeigt Herkunft und Verbreitungsverhältnisse der Weidengewächse auf.

Im Jahr 1753 führte der Schwede Carl von Linné in seinem Werk „Species plantarum“ die binäre Nomenklatur ein und gliederte die Weidengewächse seiner nordischen Heimat in dieses System mit ein. Als man in der Zeit danach einige in den Alpen neu entdeckte Weidenarten mit diesem Schlüssel zu bestimmen versuchte, wurden sie einfach den schwedischen Arten gleichgestellt. Im Sommer 1939 besuchte der schwedische Weidenspezialist Björn Floderus die Schweiz und stellte fest, daß zwei alpine Weidenarten und zwei andersartige, spezifisch nordische *Salices* gleich benannt wurden. Er trennte die gleichnamigen Weidenarten, die sowohl habituell wie standortmäßig verschieden sind, und verfaßte Diagnosen für die betreffenden alpinen Weiden:

Nordeuropa		**Alpen**
Salix glauca	⟷	*Salix glaucosericea* Flod.
Salix myrsinites	⟷	*Salix breviserata* Flod.

Dieses Beispiel allein zeigt bereits, wie wichtig der Vergleich von Weiden verschiedener Fundorte ist!

Die Zweihäusigkeit der Weiden erfordert unterschiedliche Bestimmungsschlüssel für männliche und weibliche Arten (beziehungsweise für ihre Kätzchen). Da die Blätter der Weiden oft erst nach der Blütezeit voll entwickelt sind, können Weiden anhand ihrer Blattformen nur mit Hilfe eines besonderen Schlüssels bestimmt werden. Unterschiede zwischen den verschiedenen *Salices* sind häufig schwer zu erkennen und können nur durch sorgfältiges Lesen und Befolgen der Bestimmungstabellen und durch sehr genaues Arbeiten mit einer 8-fach vergrößernden Lupe festgestellt werden.

Das Weiden-Lehrbuch wendet sich an Botaniker und Dendrologen, insbesondere an Förster, Ingenieur-Biologen und Gärtner. Möge dieses Werk als fundiertes Nachschlagewerk und Arbeitsmittel dienen, neues und interessantes Wissen vermitteln und auch beim Laien Interesse für die so oft vernachlässigten Weiden wecken.

Dr. Dagmar und Ernst Lautenschlager-Fleury
Basel, im Frühjahr 1994

Danksagung

Allen Freunden und Fachkollegen, die uns bei unserer Arbeit unterstützt und uns viele interessante und wichtige Informationen über die Weiden mitgeteilt haben, sei hiermit herzlich gedankt.

Vor allem möchten wir Herrn Professor Dr. Christian Körner und Frau Privatdozentin Dr. Stefanie Jacomet herzlichen Dank dafür sagen, daß sie uns einen Arbeitsplatz in der „Abisko-Scientific Research Station" vermittelt haben. Wir fanden dort hervorragende Arbeitsbedingungen vor, um die nordschwedischen Weidenarten kennenzulernen. Herrn Professor Dr. Sonesson danken wir für seine Gastfreundschaft. Ein herzliches Dankeschön an ihn und seine Mitarbeiter im Institut für all ihre Hilfsbereitschaft und Beratung.

Herr Walter Büchler machte uns darauf aufmerksam, daß die Knospen der *Salix fragilis* eine Besonderheit aufweisen. Dies ermöglichte eine bessere Differenzierung dieser Spezies gegenüber der Hybride *Salix* × *rubens*.

Herrn Dr. Michael Zemp sei gedankt für seine interessanten soziologischen Meldungen und Informationen über Weiden-Standorte.

Herr Privatdozent Dr. Beat Meier und Frau Dr. Ying Shao arbeiteten über chemische Inhaltsstoffe in der Rinde und den Blättern der Weiden. Dank der von ihnen entwickelten Verfahren war es möglich, einige *Salices* zuverlässiger zu bestimmen, als es anhand ihrer morphologischen Merkmale möglich gewesen wäre. Wir danken den Autoren für ihre aufschlußreiche Publikation „Phytochemischer Atlas der Schweizer Weiden" (Dissertation ETH Zürich, 1991).

Dem Birkhäuser Verlag danken wir für das Interesse an unserer Arbeit und für deren Veröffentlichung. Herzlich danken wir Frau Dr. Petra Gerlach, die unser Manuskript durch ihren großen Einsatz in ein gediegenes Weiden-Lehrbuch verwandelt hat, und dem ganzen Team für die gelungene Gestaltung.

Allgemeines

Gattung Salix – Weiden

Weiden sind von der Arktis über gemäßigte Zonen bis in warme Länder verbreitet. Weidengewächse findet man von den Meeresküsten über verschiedenste kontinentale Standorte bis in hochalpine Lagen! Je nach Auffassung des Artbegriffs zählt man weltweit 300 bis 500 Spezies.

Die vorliegende Weidenflora umfaßt die mitteleuropäischen Spezies sowie die verbreitetsten nordeuropäischen Arten. Einzelne nordische Formen kommen auch in bestimmten Landschaftstypen Mitteleuropas vor. (Zu ihrer Bestimmung muß vom nordischen Typus ausgegangen werden!)

Die Vertreter der Gattung *Salix* sind *zweihäusig*: man unterscheidet männliche und weibliche Sträucher; ein Strauch enthält entweder nur männliche oder nur weibliche Blüten.

Die meisten Weiden blühen sehr früh, bevor die Blätter voll entwickelt sind. Diese Umstände erfordern drei verschiedene Bestimmungsschlüssel: für männliche und für weibliche Blütenkätzchen, sowie für Sommerblätter.

Weidenstandorte

In den Auenwäldern des Flachlandes dominieren die großen Bäume der Silberweide *(Salix alba)* und der Bruchweide *(Salix fragilis)*. Ebenfalls im feuchten Auenwald sind oft weitere Weiden in Baum- und Strauchform verbreitet, so die Lavendelweide *(Salix elaeagnos)*, Purpurweide *(Salix purpurea)*, Mandelweide *(Salix triandra)*, Korbweide *(Salix viminalis)*, Aschweide *(Salix cinerea)* und andere. In Riedwiesen und Mooren findet man die Ohrweide *(Salix aurita)*, die zierliche Moorweide *(Salix repens)* und die in Mitteleuropa sehr seltene, vom Aussterben bedrohte Heidelbeerblättrige Weide *(Salix myrtilloides)*.

Die Wiesenbäche mit ihren weidenbestandenen Ufern gehören schon bald der Vergangenheit an. Hier schnitten früher die Bauern und Korbflechter ihre Weidenruten. Als Folge entwickelten sich die Sträucher zu den bizarr geformten „Kopfweiden", z. B. bei *Salix fragilis* und *Salix triandra.*

Das dichte Wurzelwerk der Weiden eignet sich vorzüglich als billiger, wirksamer Uferschutz und bildet Schlupfwinkel für Fische und Krebse.

Auf Schutthalden und in verlassenen Steinbrüchen, sowie in Waldlichtungen von der Ebene bis zur Waldgrenze ist die Salweide *(Salix caprea)* verbreitet. In der Bergregion wird sie oft von der Gebirgsweide *(Salix appendiculata)* begleitet.

In subalpinen Flußalluvionen fehlen die stattlichen Bäume der Silberweide und der Bruchweide. Die Schwarzweide wird oberhalb von 1500 m ü. M. durch die *Salix nigricans subspecies alpicola* abgelöst. Auch die Purpurweide *(S. purpurea)* ist im Gebirge und anderen Extremstandorten vertreten durch die *Subspecies angustior.*

Die Reifweide *(S. daphnoides)* überragt diese Sträucher als schlanker Baum. Sie begleitet die Alpenflüsse bis in die Niederungen, wo sie oft von Bienenzüchtern gepflanzt wird. Auf Geröll- und Sandinseln findet sich die Gesellschaft von *Salix elaeagnos, S. purpurea ssp. angustior* zusammen mit der Deutschen Tamariske *(Myricaria germanica)* und dem Reitgras *(Calamagrostis epigeios)* [nach M. Moor].

Mehr als die Hälfte aller mitteleuropäischen Weiden sind Bewohner der Alpen, die unter harten klimatischen Bedingungen zu gedeihen vermögen. An geeigneten Stellen, wo sie spärlich bewachsene Böden und gute Lichtverhältnisse finden, können manchmal prächtige ,Weidenparadiese' entstehen.

In der Umgebung von Zermatt (1600 bis 3000 m ü. M.) wurden bisher 15 verschiedene Weidenspezies bestimmt. Sie werden begünstigt durch die Vielfalt der Gesteinsarten in diesem Gebiet.

Salix appendiculata	*Salix hastata*
Salix breviserrata	*Salix helvetica*
Salix caprea	*Salix laggeri*
Salix daphnoides	*Salix nigricans ssp. alpicola*
Salix foetida	*Salix purpurea ssp. angustior*
Salix glaucosericea	*Salix herbacea*
Salix retusa	*Salix reticulata*
Salix serpyllifolia	

Artenreiche Weidenpopulationen findet man in zahlreichen Tälern des Wallis, zum Beispiel im Lötschental und in vielfältigster Schönheit auf dem Gletschboden, im Alluvion der jungen Rhône im Rückzugsgebiet des Rhônegletschers.

Salix appendiculata	*Salix nigricans ssp. alpicola*
Salix breviserrata	*Salix pentandra*
Salix caprea	*Salix purpurea ssp. angustior*
Salix daphnoides	*Salix reticulata*
Salix foetida	*Salix retusa*
Salix glaucosericea	*Salix serpyllifolia*
Salix helvetica	*Salix herbacea*
Salix laggeri	*Salix bicolor*
Bastard Salix × hegetschweileri	

Salix waldsteiniana ist eine Weide der östlichen Alpen. Sie ist vor allem in den Gebirgen von Österreich und Bayern verbreitet, kommt aber auch in den östlichen Alpengebieten der Schweiz vor. Ihr westlichster Fundort liegt auf dem Pilatus bei Luzern (B. Baur, 1991).

Große Weidenbestände findet man auch in Österreich, z. B. im Ötztal, in der Nähe von Vent auf 1895 m ü. M.

Salix appendiculata	*Salix caprea*
Salix glaucosericea	*Salix hastata*
Salix helvetica	*Salix herbacea*
Salix laggeri	*Salix nigricans ssp. alpicola*
Salix pentandra	*Salix serpyllifolia*
Salix waldsteiniana	

In Osttirol, z. B. im Virgental und Defereggental beginnt das Verbreitungsgebiet von *Salix mielichhoferi*. Diese Spezies ist in den Südtiroler Dolomiten verbreitet, z. B. auf dem Falzaregopaß und zwischen Arabba und dem Pordoi-Joch.

In den mächtigen Lockerschutthängen der Dolomiten dominiert *Salix waldsteiniana*.

Diese Pionierweide mit ihren dichtwüchsigen Horsten vermag den rieselnden Gesteinsschutt aufzuhalten. Das felsdurchsetzte Gelände und die alpinen Rasen sind Fundorte zahlreicher Weiden:

Salix breviserrata	*Salix nigricans ssp. alpicola*
Salix daphnoides	*Salix purpurea ssp. angustior*
Salix hastata	*Salix waldsteiniana*
Salix laggeri	*Salix reticulata*
Salix mielichhoferi	*Salix retusa*

Im schweizerisch-italienischen Grenzgebiet finden sich einige südländische Weiden: *Salix glabra* und *Salix apennina* im Tessin, *Salix alpina* vereinzelt in den Bergen des Münstertals (Graubünden).

Salix rosmarinifolia ist verbreitet in Ost- und Südeuropa, (in Norditalien selten, in der Schweiz fehlend).

Salix arenaria, verwandt mit *Salix repens,* säumt die Dünengebiete von der Ostsee- bis zur Atlantikküste.

Die Höhenanpassung der Weiden

Die beträchtlichen klimatischen Unterschiede zwischen dem Flachland und alpinen Standorten zeigen sich im Habitus der Weiden aus verschiedenen, zum Teil extremen Standorten.

Die kollin-montanen Formen sind dem rauhen alpinen Klima zu wenig angepaßt. *Salix nigricans* und *Salix purpurea* erreichen ihre Höhengrenze unterhalb von 1000 m ü. M.

Andererseits können verschiedene alpine Weiden auch im Flachland gut gedeihen. Die subalpinen Formen *Salix nigricans ssp. alpicola* und *Salix purpurea ssp. angustior* ertragen in der Regel Verpflanzungen in tiefere Lagen.

Morpholgie

Wuchsformen

Auf mageren Böden neigen verschiedene Salixarten zu Zwergwuchs. Umweltschädigungen oder Verbiß durch Vieh und Wildtiere können die Wuchsformen ebenfalls verändern. Gewisse Weiden vermögen selbst unter härtesten Bedingungen zu gedeihen und nach weitgehender Zerstörung wieder auszutreiben.

Salix alba und *Salix fragilis* bilden hohe Bäume. Verbreiteter sind Weidensträucher, einige davon können manchmal Baumhöhe erreichen, z. B. *Salix daphnoides* und *Salix elaeagnos*. In den Alpen herrschen kleinere Sträucher und niederliegende Spalierweiden vor. Die Borke kann glatt sein, verschiedentlich ist sie längsrissig, bei *Salix caprea* weist sie rautenförmige Aufbrüche auf; bei *Salix triandra* löst sich, ähnlich wie bei Platanen, die Borke älterer Äste oft in Fetzen ab.

Bei einigen Weiden brechen die Zweige an ihrer Basis leicht ab; besonders auffällig, mit knackendem Geräusch, brechen sie bei *Salix fragilis* und ihrem Bastard *Salix × rubens*. Aber auch bei *Salix daphnoides* und *Salix viminalis* ist die Zweigbasis brüchig.

Diese Weiden stehen meist am Rand fließender Gewässer; bei Hochwasser werden Zweige abgerissen und von der Strömung mitgeführt. Später bleiben sie irgendwo am Ufer hängen, wurzeln rasch und treiben aus (hydrochore Verbreitung). Die Stecklingszucht nutzt dieses rasche Bewurzelungsvermögen (Tafel 1). Nicht alle Weiden lassen sich gleich gut vegetativ vermehren, Steckhölzer von *Salix caprea* und *Salix aurita* wurzeln nur selten.

Im Sommer bilden manche Weiden rutenförmige Langtriebe; diese sind zum Teil sehr biegsam und zäh. Sie dienen seit uralten Zeiten als Material zum Flechten. Besonders gut zum Flechten eignen sich die Ruten von *Salix viminalis, Salix triandra* und zum Teil *Salix fragilis,* sowie die Ruten einiger aus fremden Ländern eingeführten Weiden. Speziell zum Flechten wurden auch Bastarde verschiedener Weiden-Kombinationen gezüchtet. An den sommerlichen Langtrieben bilden sich häufig besonders große Blätter, die abnorme Formen aufweisen können.

Holzstriemen

Das nackte Holz einiger Weiden weist charakteristische Längsstriemen auf, die zum Teil wesentlich zum Erkennen der Arten beitragen können. Zu dieser Beobachtung wird an 2- bis 4-jährigen Zweigen (Durchmesser mindestens 1 cm) mit dem Fingernagel des Daumens die Rinde und der darunterliegende grünliche Bast *(Phloëm)* abgeschält. Das weiße Holz darf keine Bast-Überreste mehr enthalten! Eventuell vorhandene Striemen sind am besten bei schrägem Lichteinfall zu erkennen. (Die Rinde läßt sich nur an frischen Zweigen ablösen, in trockenem Zustand gelingt dies nicht mehr.)

Bei *Salix cinerea* zeigen sich zahlreiche, bis 4 cm lange Striemen; bei *Salix aurita* sind sie 1 bis 2 cm lang, bei *Salix nigricans* und mit ihr verwandten Arten lassen sich nur kurze, 2 bis 4 mm lange, zerstreute Striemen beobachten. Die übrigen Weiden weisen mehr oder weniger glattes Holz auf, das Mark ist weiß oder leicht bräunlich.

Lange Striemen *(Salix cinerea)*

Kürzere Striemen *(Salix aurita)*

Kurze zerstreute Striemen *(Salix nigricans)*

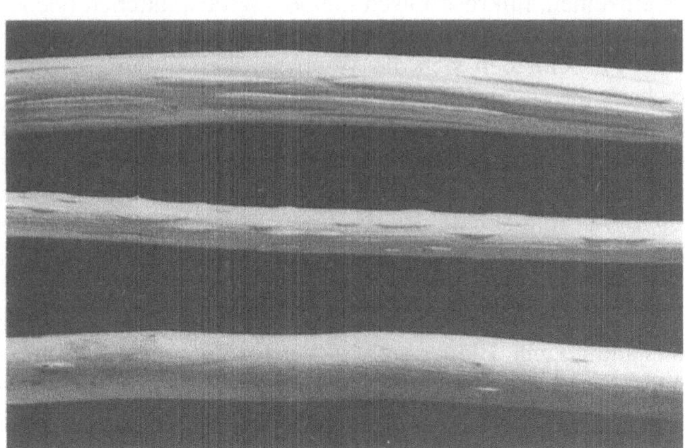

Holzstriemen

Knospen

An den Zweigen der Weiden lassen sich dreierlei Knospen unterscheiden: kleine Blattknospen, bedeutend größere Blütenknospen und, im Winkel zwischen dem Blattstiel und dem Langtrieb, die meist dicht behaarten Achselknospen.

Die Knospen bilden sich im Verlauf der Vegetationsperiode. Unter der schützenden Hülle der meist verholzten, braunen Knospenschuppe entwickeln sich die Blatt- und Blütenanlagen des folgenden Jahres. Die Achselkronen treiben nur aus, wenn Schädigungen, wie Verbiß durch Wildtiere und Vieh, sowie Insektenfraß die Haupttriebe zum Absterben gebracht haben.

Die Form der Knospen weist Unterschiede auf, so daß bei sorgfältiger Beobachtung das Erkennen der Arten im Winter möglich ist. Die Farbe der Knospen kann sich im Verlauf des Winters verändern.

Alle Weiden weisen eine äußere Knospenschuppe auf. Nur wenige Arten zeichnen sich aus durch eine zweite, innere Knospenschuppe. Diese ist dünnhäutig, durchscheinend, von gelber bis rötlicher Farbe, sie weist mehrere, voneinander getrennte, deutliche, fast unverzweigte ‚Hauptnerven‘ auf. Eine harte äußere *und* eine innere Knospenschuppe zeigt die reine Spezies *Salix fragilis*. Der Bastard *Salix* × *rubens* unterscheidet sich von *Salix fragilis* durch das *Fehlen* der inneren Knospenschuppe (Siehe Seite 86, 132).

Blätter

Weidenblätter sind immer ungeteilt, aber vielgestaltig: von schmal-lanzettlich bis breitelliptisch oder verkehrt-eiförmig. Der Blattrand, flach oder nach unten umgebogen, ist seltener ganzrandig, meist ist er gezähnt oder gesägt; die Zahnspitzen sind oft mit Drüsen besetzt.

Die Erstblätter im Frühling unterscheiden sich oft von den Folgeblättern. Fast immer sind die Erstblätter wenigstens auf ihrer Unterseite behaart, außerdem sind sie schmaler, kleiner, manchmal zuerst rötlich. Zu Beginn des Sommers entfalten sich die normalen ‚Sommerblätter‘. Ihre Oberseite ist zumeist grün, mehr oder weniger glänzend. Die Unterseite weist dagegen oft einen Wachsbelag auf (Kutikula). Diese Schicht entsteht aus einzelnen, mikroskopisch kleinen Wachsplättchen (siehe Tafel 1).

Bei schwacher Kutinisierung erscheint die Unterseite grün *(Salix mielichhoferi)* (Tafel 1). Schließen sich die Wachspartikel zu einer dichten Kutikula zusammen, so erscheint die Unterseite gleichmäßig hellgrau oder bläulich „glauk“, matt. Die Kutikula ist leicht verletzlich; ihre Ausbildung ist von verschiedenen Faktoren abhängig. Dementsprechend kann die Farbe der Blattunterseite, selbst bei Blättern derselben Art, stark variieren. Bei *Salix nigricans* ist die Blattunterseite hellgrau, aber die Spitze in der Regel grün (die Dichte der Wachspartikel nimmt in der Nähe der Spitze ab) (Tafel 1). Helle, abwischbare Wachsausscheidungen finden sich auch auf den zweijährigen, purpurroten Zweigen von *Salix daphnoides*.

Weidenblätter sind meistens auf ihrer Unterseite behaart, nur wenige Arten weisen vollständig kahle Blätter auf. In der Regel ist die Oberseite schwächer behaart als die Unterseite, eine Ausnahme zeigt *Salix breviserrata*: ihre Blattoberseiten sind wirr, fein spinnwebig behaart, die Unterseiten dagegen völlig kahl und stark glänzend (Seite 72).

Der Blattstiel kann kahl oder behaart sein. Bei Vertretern der Untergattung *Amerina* sitzen einige *‚Petiolardrüsen‘* auf den Blattstielen (Tafel 1): *Salix alba, Salix fragilis, Salix pentandra* und *Salix triandra.*

Die Blattstellung am Trieb ist normalerweise wechselständig in einer unregelmäßigen 2/5 Spirale (144°), bei *Salix purpurea* treten häufig gegenständige Blätter auf. Einige Weidenblätter können balsamisch duften, vor allem *Salix pentandra* und – im Gegensatz zu ihrem Namen – *Salix foetida* („Stinkweide“). Die Blätter von *Salix retusa* riechen im Herbst penetrant nach Baldrian. Das Laub verschiedener Weiden zeigt im

TAFEL 1

1 2

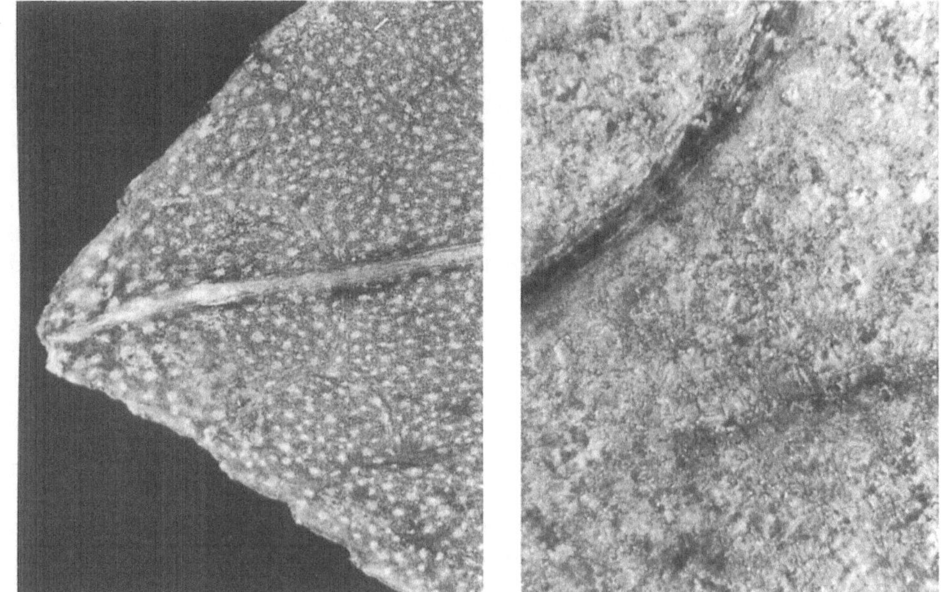

Blattunterseite mit Wachsüberzug *Salix nigricans*, 20 × vergrößert; ① grüne Spitze, ‚punktiert' mit hellen Wachsplättchen; ② Blattfläche mit dichter, zusammenhängender Kutikula.

Adventivwurzeln bei *Salix cinerea* auf den Holzstriemen austreibend, 20 × vergrößert.

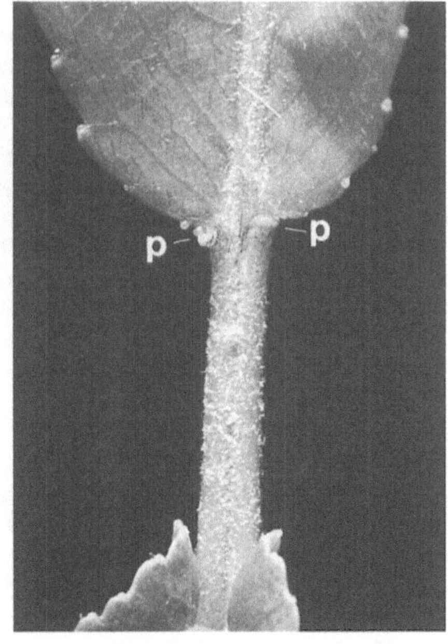

Petiolardrüsen bei *Salix triandra* am Blattgrund sitzende Blattstieldrüsen (p).

Herbst eine lebhaft gelbe Farbe, andere Arten werden beim Trocknen unansehnlich schwarz oder braun (*Salix nigricans, Salix pentandra* und andere).

Nebenblätter

An der Basis der Blattstiele weisen die meisten Weiden Nebenblätter auf. Diese sind klein, bei einigen Arten sind sie den Laubblättern ähnlich, bei anderen aber von charakteristischer Gestalt *(Salix bicolor)*. Keine Nebenblätter haben *Salix purpurea* und *Salix caesia*. Bei *Salix daphnoides* sitzen die beiden Nebenblätter am Blattstiel und fallen mit dem Blatt zusammen ab.

Blütenstände und Blüten

Weiden sind zweihäusig: eine Pflanze besitzt entweder nur männliche oder nur weibliche Blüten. (Die Trauerweide weist oft Kätzchen auf mit männlichen und weiblichen Blüten.)

Die Blüten sind in größerer Zahl zu einem ährenförmigen Kätzchen vereinigt und umringen die behaarte Kätzchenachse in spiralig aufsteigender Ordnung. Die Einzelblüte, ohne Hüllblätter, sitzt jeweils in der Achsel eines schuppenartigen Tragblattes. Diese Tragblätter sind z. T. gute Artmerkmale: mit heller oder dunkler Spitze, kahl oder behaart, z. T. langbärtig. Während der kalten Jahreszeit schützen die umhüllenden Tragblätter mit ihrer Behaarung die Blüten. Vor der Blütezeit bilden die straffen Barthaare den bekannten, hübschen Haarpelz einiger Weidenkätzchen. Kurz vor dem Blühen können einzelne Zellbereiche der Tragblätter in ihrem Zellsaft den roten Farbstoff *Anthozyan* enthalten und erscheinen rötlich. Später verschwindet diese Farbe und die Tragblattspitze wird braun bis schwarz, bei *Salix laggeri* rostrot.

Bei *Salix alba, Salix fragilis* und *Salix pentandra* fallen die Tragblätter nach der Blütezeit ab.

Die Kätzchen sind meistens kurz gestielt. An ihren Stielen sitzen einige kleine, oft dicht behaarte Blättchen, manchmal auch etwas vergrößerte schuppenförmige Blütentragblätter.

Weidenblüten werden durch Insekten bestäubt. Die Blüten beider Geschlechter enthalten Nektarien, deren Honigsaft als Lockmittel dargeboten wird. Bunte Blütenblätter fehlen den Weidenkätzchen.

Männliche Blüten

Die männlichen Blüten besitzen in den meisten Fällen 2 freie Staubfäden; bei *Salix elaeagnos* und *Salix caesia* sind sie teilweise zusammengewachsen, bei *Salix purpurea* sind sie vollständig miteinander vereinigt.

Salix triandra besitzt 3 Staubblätter, *Salix pentandra* deren 4 bis 8, selten mehr. Die Staubfäden sind bei vielen Arten kahl, bei anderen mehr oder weniger dicht behaart.

Die dünnhäutigen Staubbeutel sind bei zahlreichen Arten leuchtend rot. Der Druck des reifenden Pollens bringt sie zum Platzen, ihre Überreste schrumpfen zusammen und der frei gewordene, meist intensiv gelbe Blütenstaub (Pollen) wird sichtbar. Die Tragblätter der männlichen Blüten entsprechen meist dem Typus beim weiblichen Geschlecht.

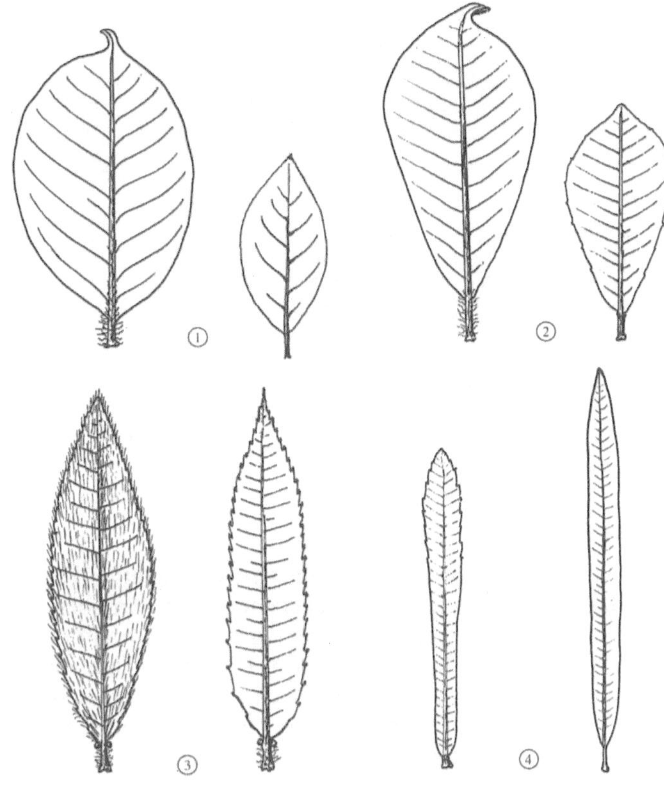

Figur 1
Blattformen:
① elliptisch
② verkehrt-eiförmig
③ lanzettlich
④ lineal lanzettlich

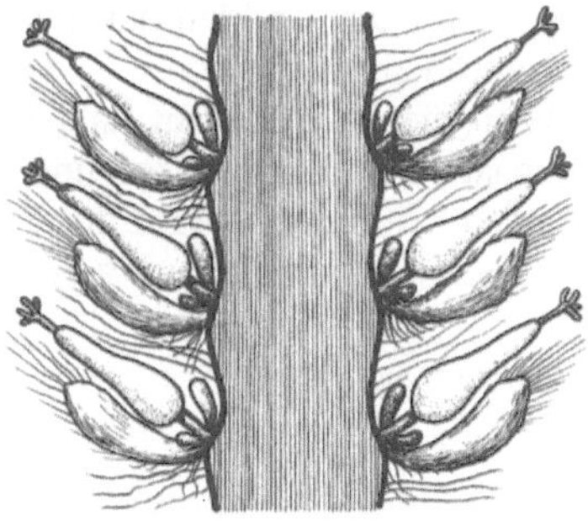

Figur 2
Längsschnitt durch weibliches Kätzchen. Die Blüten sitzen rings um die behaarte Kätzchenachse. Tragblatt auf der Außenseite des Fruchtknotens; zwischen dem Fruchtknoten und der Kätzchenachse das immer vorhandene innere Nektarium, hinter dem Tragblatt manchmal ein kleineres äußeres Nektarium

Weibliche Blüten

Die weiblichen Blüten besitzen einen spindel- bis ei-kegelförmigen Fruchtknoten, der sitzend, kurz- oder langgestielt sein kann. Seine Oberfläche ist bei bestimmten Arten kahl, bei anderen behaart.

Die Fruchtknoten von *Salix hastata* und *Salix daphnoides* sind seitlich zusammengedrückt. Griffel und Narben können ebenfalls zur Unterscheidung der Arten beitragen, so sitzt bei *Salix purpurea* die Narbe direkt dem Fruchtknoten auf, bei *Salix viminalis* dagegen ist der Griffel außerordentlich lang mit fadenförmigen Narben.

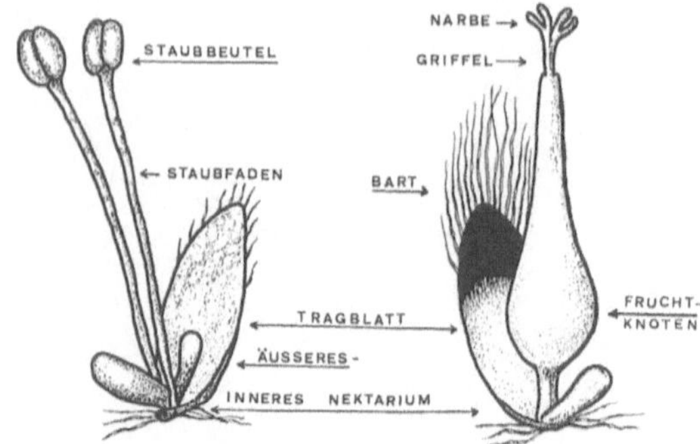

Figur 3
Bau der Weidenblüten:
links männliche Blüte: Typus mit einfarbigem Tragblatt, Spitze spärlich behaart, 2 Nektarien;
rechts weibliche Blüte: Typus mit zweifarbigem Tragblatt, Spitze bärtig, 1 Nektarium

Nach der Blütezeit vertrocknen die Narben. Die Kätzchenachse streckt sich bei vielen Arten, so daß fruchtende Kätzchen oft sehr lang und lockerfrüchtig erscheinen.

Für die Artbestimmung sind einzig Form und Größe des Kätzchens während der Blütezeit maßgebend!

Früchte und Samen

Die Frucht bildet eine länglich-konische, zweispaltige Kapsel. Nach der Reifung der Samen reißt sie bei warmem, trockenem Wetter von oben her auf, die beiden Hälften biegen sich sichel- bis schneckenförmig zurück, worauf das dicht gepackte Haarpaket mit seinen winzigen Samen frei wird. Die Flugorgane drängen sich nun gegenseitig heraus und ihre Haare, welche zuerst die Samen umhüllen, entfalten sich rasch zu den zarten Fallschirmchen. Mit dem nach unten hängenden Samen werden sie vom Wind über weite Strecken fortgetragen.

Weidensamen sind knapp 1,5 mm lang. Die Samen verschiedener Spezies unterscheiden sich nur wenig voneinander. An ihrem basalen Ende befindet sich das Flugorgan. Es besteht aus einem doppelten Haarkranz, der radial einen Ring umgibt. Seine langen Flughaare bilden den Fallschirm, die kürzeren klammern sich allseitig an den Samen (Klammerhaare).

Wenn die Luftreise auf kahlem, etwas feuchtem Boden zu Ende geht, nehmen die Flughaare Feuchtigkeit auf und verkleben gegenseitig. Die Klammerhaare weichen auseinander, dadurch wird der Same frei und fällt auf das Erdreich. Das Haargewirr des Flugorgans mit seinem zentralen Loch zersetzt sich rasch (Tafel 2).

Keimung

Wenige Stunden nach der Landung beginnt der Same zu keimen. Sein basaler Teil biegt sich nach unten, worauf ein dichter Kranz feiner Wurzelhaare entsteht. Am nächsten Morgen richtet sich der Same, nun zum Keimling geworden, allmählich auf. Durch die prall gespannte Samenhaut erkennt man die beiden Keimblättchen. Am zweiten Tag reißt die Samenhaut auf und wird über die Spitze des Keimlings abgestreift. Nun breiten sich die sattgrün gewordenen Keimblätter aus (Tafel 2).

Die weitere Entwicklung erfolgt langsam. Da der Weidensame kein Nährgewebe enthält, stehen für Entwicklung und Wachstum einzig die Produkte der Photosynthese zur Verfügung. Aus diesem Grund können Weiden nur auf vegetationsfreiem, gut belichtetem, feuchtem Boden keimen (Nacktbodenkeimer, Lichtkeimer)!

Viele Weidensamen bleiben nur während weniger Wochen keimfähig. Die Samen der Gebirgsweiden können überwintern (kurze Vegetationsperiode).

Figur 4
Same mit Flugorgan

Chromosomenzahlen

Erste zytologische Untersuchungen an Weiden wurden in Schweden und England durchgeführt (Blackburn und Harrison 1924). Da man dazu lebende Pflanzen benötigt, wurden vor allem nordische Arten untersucht; Chromosomen von alpinen Weiden konnten zum Teil nur bestimmt werden, nachdem man sie in der Nähe des betreffenden Instituts kultivieren konnte.

Neumann und Polatschek publizierten 1972 Chromosomenzahlen von österreichischen Weiden; (ein neuer Chromosomenatlas von Österreich von Morawetz und Hahn ist in Vorbereitung). Büchler untersuchte zahlreiche Weiden schweizerischer Standorte. (Leider bestimmte er den Chromosomensatz von *Salix bicolor* nur an Exemplaren aus den Pyrenäen.)

Die Grundzahl der Chromosomen bei den Weidengewächsen ist n = 19. Bei der Befruchtung der männlichen mit der weiblichen Geschlechtszelle verdoppelt sich die Chromosomenzahl, sie wird diploid: 2 n (2 n = 38).

Beispiele: *Salix caprea* 2 n = 38; *Salix laggeri* 4 n = 76; *Salix nigricans* 6 n = 114; *Salix glaucosericea* 8 n = 152.

Die Kenntnisse der Chromosomensätze sind wertvoll zur Abklärung von Verwandtschaftsverhältnissen und Bastarden!

Bedeutung und Nutzung der Weiden

Nur wenige einheimische Weiden kommen für eine Nutzung in Frage. Das Holz ist weich, schlecht spaltbar und von geringem Wert. Von Bedeutung sind hauptsächlich jene Arten, deren zähe, biegsame Ruten für Flechtarbeiten und zum Aufbinden der

TAFEL 2

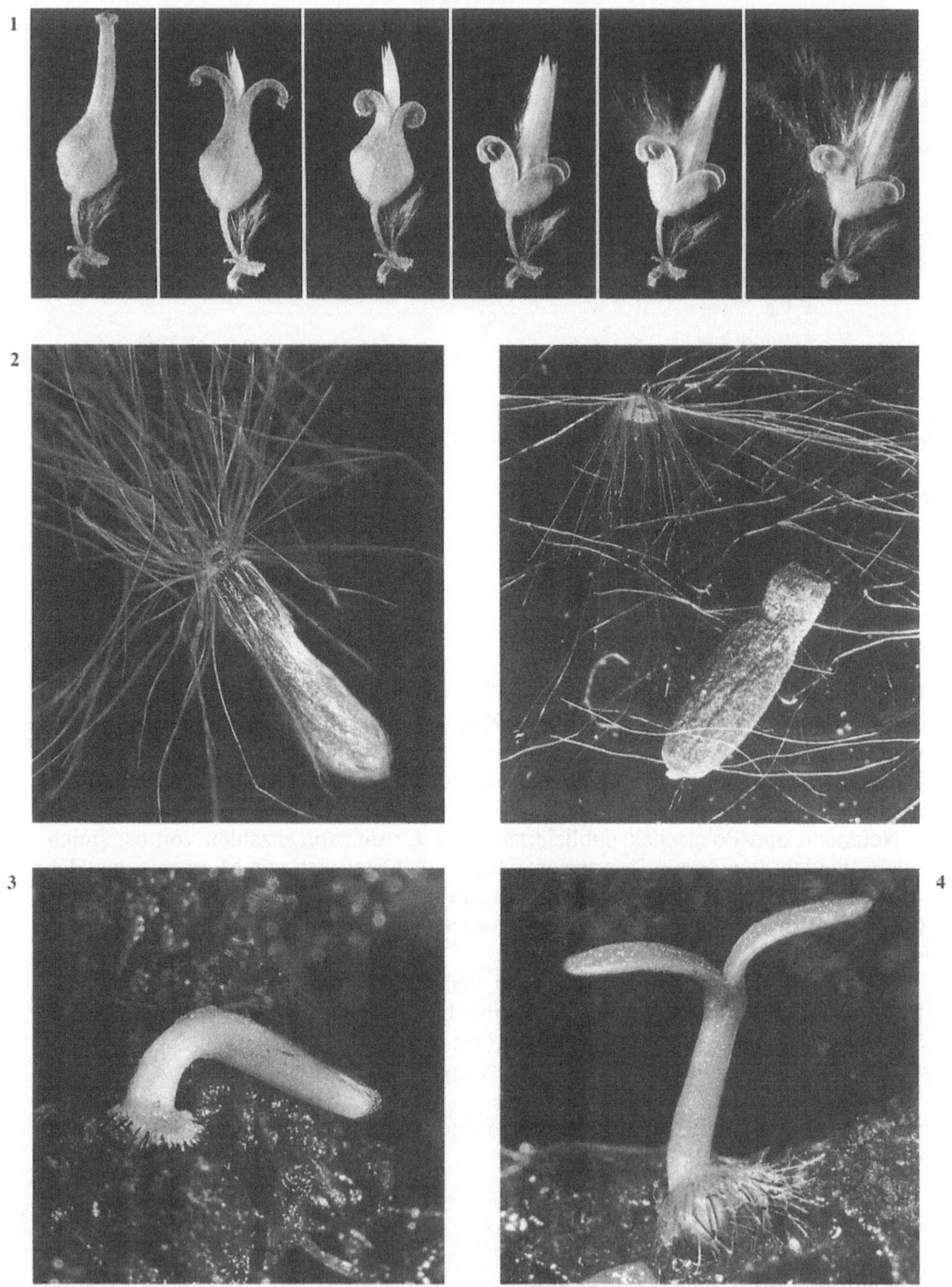

Samenreifung und Keimung bei *Salix caprea.* ① Fruchtkapsel reißt auf, Samen werden frei, 3 × vergrößert; ② Flugorgan löst sich vom Samen; Klammer- und Flughaare. 20 × vergrößert; ③ Beginn der Keimung. Basales Ende des Samens krümmt sich abwärts, Wurzelhaare entstehen; ④ Keimling aufgerichtet mit Keimblättern, 20 × vergrößert.

Reben Verwendung finden. Neben der Korbweide und einigen, besonders für Flechtarbeiten gezüchteten Hybriden werden auch Ruten von der Silberweide, der Bruchweide und der Mandelweide geschnitten. Durch den regelmäßigen Schnitt verkrüppeln die Stämme zu den bizarren Formen der „Kopfweiden".

Flechtarbeiten

Salix viminalis (Korbweide)
Salix fragilis (Bruchweide) und Bastard *Salix* × *rubens*
Salix triandra (Mandelweide).
Zahlreiche Bastardweiden, gezüchtet zum Flechten.

Die Weidenruten werden im Herbst geschnitten. Vor dem Gebrauch müssen sie mehrere Wochen lang in Wasser eingeweicht werden. Für feinere Arbeiten schält oder spaltet man die Ruten nach dem Einweichen.

Weidengeflechte wurden schon im Altertum nachgewiesen (z. B. Kreta) und aus den Pfahlbausiedlungen bei Auvernier am Neuenburgersee geborgen.

Salix viminalis, die Korbweide ist in Osteuropa beheimatet. In Mitteleuropa dürfte sie durch „Fahrende Korber" verbreitet worden sein. Diese Korber-Sippen lagerten

Schnitt der Triebe für Flechtarbeiten bei *Salix triandra.* Beim jährlichen Schnitt aller Triebe (rechts) entstehen keine Blütenkätzchen, diese werden nur an zweijährigen Trieben gebildet!

außerhalb der Dörfer an den weidenbestandenen Ufern der Gewässer. Sie könnten Steckhölzer der vorzüglich zum Flechten geeigneten Korbweide mitgeführt haben, um sie an bevorzugten Lagerplätzen zu pflanzen, um bei späteren Besuchen gutes Arbeitsmaterial vorzufinden. An derartigen, zum Lagern geeigneten Plätzen ist *Salix viminalis* häufig anzutreffen.

Beispiele von ‚Weiden-Verbauungen'

Text und Fotografien von H. Zeh

Bild 1: Faschinen schützen die vormals unterspülten Ufer eines Baches. Weidenäste unterschiedlicher Stärke werden zu Bündeln von 30–50 cm Durchmesser mit Draht zusammengebunden und auf der Höhe des Wasserspiegels mit Pflöcken befestigt. Auf der Uferseite überdeckt man sie mit Erde. Im Wasser bildet ihr Wurzeldickicht Verstecke für Fische und Kleinlebewesen.

Bild 2: Die Uferfaschinen treiben im ersten Jahr aus (bei der Korbweide *Salix viminalis*) mit bis zu 2 m hohen Langtrieben. Bei Hochwasser legt die Strömung die elastischen Ruten um und schützt dabei das Ufer vor Ausspülungen. Wenn nach einigen Jahren die Weiden zu üppig wachsen, muß der Bestand ausgelichtet und zurückgeschnitten werden.

Bild 3: An Steilufern und für höhere Beanspruchungen baut man die Faschinen abwechselnd mit Buschlagen treppenförmig ein. So wurden z. B. die Birsufer im Laufental stabilisiert. Man verwendete Zweige und armdicke Äste von Weiden der Umgebung: *Salix alba* und *Salix alba ssp. vitellina, Salix purpurea, Salix viminalis* und andere. Eine solche Verbauung durchwurzelt das Ufer bis in eine Tiefe von 2 m und genügt zumeist zur Befestigung von Prallufern ohne Blockwurf.

Bild 4: Weiden dienen auch zur Stabilisierung rutschgefährdeter Böschungen. An der Grimselstraße oberhalb Handeck auf 1500 m ü. M. wurde eine Aufschüttung von Granitschutt mit Weiden bepflanzt. Bis 4 m lange Äste samt ihren Zweigen wurden reihenweise eingebaut; man verwendete *Salix purpurea, Salix elaeagnos, Salix daphnoides* und *Salix appendiculata.* Nach drei Jahren erreichten die Weidengebüsche bereits eine Höhe bis zu 4 m, in den Zwischenräumen siedelte sich eine standortgerechte Pioniervegetation an. Die in jedem Winter hier niederfahrenden Lawinen haben bisher zu keinen Zerstörungen geführt.

TAFEL 3

1

2

3

4

Uferstabilisierung an der Birs bei Zwingen. Längs und quer eingebaute Weidenäste werden mit grobmaschigem Jutegewebe bedeckt und mit Pfählen befestigt.

Für Uferschutz und Hangbefestigung geeignete Weiden

Ufergelände

Bei Neupflanzungen sollten in erster Linie Arten verwendet werden, die an den betreffenden Orten natürlich vorkommen; hier finden sie ihre angepaßten Standortverhältnisse.

Unmittelbar am Gewässersaum, auf dem periodisch überschwemmten Ufer gedeihen nur wenige Arten. Diese vermögen jedoch sogar in Lücken eines Blockwurfs aufzukommen! Es sind dies die mit Getreibsel behangenen Sträucher der *Salix triandra* und die stattlichen Bäume von *Salix alba, Salix fragilis* und ihrem verbreiteten Bastard mit *Salix alba*. Nicht direkt am Ufer, aber am Rand der Hochwasserzone können vor allem *Salix elaeagnos, Salix viminalis* und *Salix purpurea* gepflanzt werden.

Im feuchten Ufergebiet stehender Gewässer, an Weihern und Seen sind *Salix nigricans* und *Salix cinerea* verbreitet, *Salix alba* gedeiht hier ebenfalls gut.

Die Ufer der subalpinen Flüsse sind oft mit Gebüschen von *Salix elaeagnos, Salix purpurea ssp. angustior, Salix nigricans ssp. alpicola* und *Salix daphnoides* bestanden. In den breiten Alluvionen verändern diese Gewässer häufig ihren Lauf, eine Uferbefestigung mit Weiden ist hier nicht möglich. Auf künstlichen Dämmen findet sich an wenigen Stellen der Zentralalpen *Salix bicolor* und die ihr ähnliche *Salix hegetschweileri* (z. B. auf dem Reußdamm zwischen Andermatt und Hospental).

Hangbefestigungen

Es gilt als wichtigstes Gebot, daß Stecklinge in genügendem gegenseitigem Abstand gepflanzt werden. Die schlanken Steckhölzer müssen ihrem Wachstum entsprechend genügend freien Raum und Licht zur Verfügung haben. Junge Ruten von *Salix purpurea* verbreiten sich in den ersten Jahren zu einem dichten, zusammenhängenden Gebüsch. Später degenerieren zu eng gepflanzte Sträucher zu kleinblättrigen Kümmerexemplaren oder gehen zugrunde. Sie sind dem mangelnden Lebensraum und der Wurzelkonkurrenz nicht gewachsen.

Feuchte Hänge lassen sich mit *Salix nigricans* oder *Salix appendiculata* gut sichern. *Salix caprea* eignet sich wenig für Verbauungen, weil sie sich in der Regel nicht durch Stecklinge vermehren läßt.

Beschaffung der Steckhölzer

Bei allen umweltgerechten Bepflanzungen ist die Beschaffung der Weiden das Hauptproblem: Gärtnereien handeln mit Garten- und Ziergewächsen, einheimische Wildformen der Weiden sind ihnen unbekannt. Auch dem Forstpersonal sind die Weiden meistens fremd. Somit kann das spezielle Weidenmaterial nirgends gekauft werden.

Die standortgerechten Weiden können nur vom Ingenieur-Biologen im Felde erkannt und Stecklinge davon entnommen werden. Dies setzt voraus, daß für jeden Planer, der sich mit Verbauungsprojekten auseinandersetzt, die Kenntnis der einheimischen Weiden zum Fachwissen gehört!

Variabilität der Weiden

Robert Buser, der beste Weidenkenner der Schweiz im letzten Jahrhundert, prägte den Satz: „Kein einziges Merkmal ist bei den Weiden so wenig variabel, daß ihm ein absoluter Wert zugestanden werden könnte." Dies erklärt, weshalb das Ansprechen der Weiden oft so schwierig ist; deshalb sollten möglichst viele Merkmale beim Bestimmen berücksichtigt werden!

Weiden können ihre charakteristischen Formen durch die verschiedensten Umwelteinflüsse verändern, zum Beispiel durch abweichende Bodenverhältnisse oder das Kleinklima, durch Verbiß von Vieh und Wildtieren, sowie durch Gallenbildungen.

Habituelle Veränderungen zeigen auch Bastarde, die durch Kreuzungen verwandter Arten entstehen. In osteuropäischen Ländern und in Frankreich bestehen Berufsschulen für Korbmacher. An diesen Instituten werden zum Flechten speziell geeignete Weidensorten gezüchtet und mit Fantasienamen in den Handel gebracht. Auf dem Weg von der Korbflechterschule über private Weidenbestände gelangen solche Zuchtprodukte in die Freiheit und werden dort im schlimmsten Fall als neue Spezies beschrieben!

Gallen und Wirrzöpfe

An verschiedenen Organen der Weiden entstehen manchmal Gewebewucherungen, sogenannte Gallen. Diese werden durch besondere, spezialisierte Insekten verursacht, welche das betreffende Organ anbohren und im Innern ihr Ei deponieren. Gleichzeitig injizieren sie einen Wirkstoff, welcher die Weide veranlaßt, ein ihr völlig fremdes Organ, die Galle, zu erzeugen. In ihrem Innengewebe entwickelt sich das Insektenei.

Gallen weisen unterschiedliche, oft bizarre Formen auf. An Blattflächen von *Salix purpurea* hängen kugelförmige, rötliche „Beeren": am Ufer von Seen findet man bei dieser Art Gipfeltriebe mit zapfenartigen Wucherungen, sogenannten ‚Weidenrosen'. Sie werden von der Gallmücke *Rhabdophaga rosaria* verursacht.

An den Zweigen der Salweide hängen manchmal alte, verholzte, ausgehöhlte weibliche Kätzchen. Sie wurden von einem kleinen Rüsselkäfer befallen, der seine Eier in die Blütenknospen injiziert hatte.

Eigentümliche Gallen findet man auf der Silberweide: anstelle ihrer langzylindrischen, schlanken Blütenkätzchen sitzen dicke, rundliche Gebilde, deren Oberfläche mit schmalen, degenerierten, sterilen Blüten bedeckt ist.

Weiden werden von verschiedenen Pilzen befallen: der Weiden-Mehltaupilz *Uncinula salicis* überzieht die Blätter mit seinem weißlichen Myzel. *Rhytisma salicinum* erzeugt im Herbst schwarze, unregelmäßige Krusten an Ästen und Blättern.

Im Holz von Weidenstämmen lebt die große Raupe des Weidenbohrers, welche sich hier zum Schmetterling entwickelt. Seine Anwesenheit verrät sich manchmal durch den eigenen, starken Geruch nach Holzessig.

GALLENBILDUNGEN AN WEIDEN

Gallen auf *Salix purpurea* (natürl. Größe).

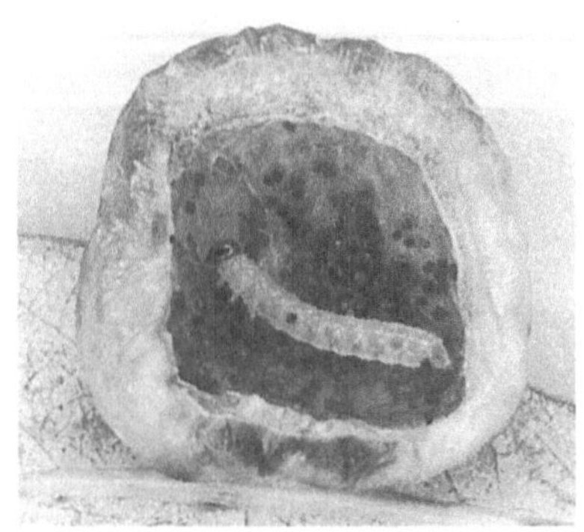

Galle geöffnet; Insektenlarve; 5 × vergrößert.

①

②

③

① Gallen an Kätzchen von *Salix caprea*, verursacht durch Käferlarve
② Galle an *Salix purpurea*, sogenannte „Weidenrose" verursacht durch Gallmücke
③ Galle an *Salix alba*, sogenannter „Wirrzopf"

Mitteleuropäische Weidengewächse

Systematik

Systematische Einteilung der Weidengewächse

Familie Salicaceae

Gattung *Populus* (Pappeln)	Windbestäubung, keine Nektarien, Tragblatt gelappt
Gattung *Salix* (Weiden)	Insektenbestäubung, 1–2 Nektarien,

Untergattung *Amerina*

Bäume und hohe Sträucher; Tragblatt einfarbig, hell; 2 oder mehr freie Staubfäden; männliche Blüten mit 2, weibliche mit 1 oder 2 Nektarien; Blattstiel mit Petiolardrüsen.

Salix alba	*Salix × rubens*
Salix babylonica	*Salix pentandra*
Salix fragilis	*Salix triandra*

Untergattung *Chamoetia*

Niederliegende Sträucher; Tragblatt meist einfarbig hell; 2 freie Staubfäden; 2 Nektarien.

Salix alpina	*Salix reticulata*
Salix breviserrata	*Salix retusa*
Salix herbacea	*Salix serpyllifolia*

Untergattung *Caprisalix*

Bäume, größere und kleinere Sträucher; Tragblatt ein- oder zweifarbig; 2 freie oder zusammengewachsene Staubfäden; meist 1 Nektarium.

Salix apennina	*Salix hastata*
Salix appendiculata	*Salix × hegetschweileri*
Salix aurita	*Salix helvetica*
Salix bicolor	*Salix laggeri*
Salix caesia	*Salix lapponum (Auvergne)*
Salix caprea	*Salix mielichhoferi*
Salix cinerea	*Salix myrtilloides*
Salix elaeagnos	*Salix nigricans nigricans*
Salix foetida	*Salix nigricans ssp. alpicol*
Salix glabra	*Salix phylicifolia (Alpen)*
Salix glaucosericea	*Salix repens*
Salix waldsteiniana	*Salix starkeana*
Salix viminalis	

Gattung *Chosenia*	wenige Arten in Ostasien Tragblatt nicht gelappt

Nomenklatur

In der Fachliteratur werden die Weidenspezies nur mit ihren wissenschaftlichen Namen bezeichnet. Die vielen seltenen Arten sind zu wenig bekannt, um deutsche Namen zu bekommen. Die wenigen allgemein bekannten Weiden aber werden je nach Fundort mit den verschiedensten Volksnamen bezeichnet.

In der vorliegenden Arbeit folgen Nomenklatur und Systematik der Flora Europaea (K. H. Rechinger, 1964). Einige neu beschriebene Weidennamen sind hier erstmals publiziert worden.

Fundorte

Die Fundorte sind dem Schicksal aller landschaftlichen Veränderungen ausgeliefert. Aufgrund der heutigen Geländenutzung können oft wenige Jahre genügen, um ein botanisch kostbares Refugium zu vernichten. Heute sind Fundortmeldungen nur noch kurzfristig nach aktuellen Beobachtungen von Wert!

Herbariumsbelege

Blütezeit und Blattentwicklung können bei den Weiden meist nicht gleichzeitig beobachtet werden. Es empfiehlt sich deshalb, daß man seine Funde in der Pflanzenpresse trocknet, um sie später vergleichen zu können und als Fundbelege zu erhalten. Diese Arbeit muß sorgfältig durchgeführt werden, wenn die getrockneten „Exsikkate“ einen Aussagewert haben sollen. Wichtig sind Maßnahmen gegen Insektenfraß.

Bestimmungstabellen

Alle Weidenbeschreibungen in dieser Arbeit beziehen sich auf lebensfrische Exemplare. An Herbariumsbelegen lassen sich nicht immer alle Merkmale eindeutig feststellen. Die arteigenen Formen sind oft variabel, sie können nicht an jedem Exemplar sicher erkannt werden. Eine Pflanze läßt sich nicht an einem einzelnen Blatt oder an einem einzelnen Kätzchen bestimmen. Vergleichsexemplare sind immer nötig, d. h., der gesamte Aspekt des betreffenden Strauches oder Baumes ist zu beobachten. In einem Weidenbestand versuche man, männliche und weibliche Kätzchen derselben Spezies zu erkennen.

Sommerblätter entfalten sich meist erst nach der Blütezeit; ihre Bestimmung erfordert besondere Merkmale. Um die Weiden während ihrer ganzen sommerlichen Vegetationsperiode kennenzulernen, sind drei verschiedene Bestimmungstabellen nötig:

1. für männliche Kätzchen
2. für weibliche Kätzchen
3. für Sommerblätter.

Spalierweiden mit ihrem charakteristischen Habitus und die Weiden Schwedisch-Lapplands sind jeweils in einem besonderen Bestimmungsschlüssel zusammengefaßt.

Anleitung zum Bestimmen

In den Tabellen sind die Fragen fortlaufend numeriert. Die zugehörige Gegenfrage ist mit – gekennzeichnet. Dieser Gedankenstrich bedeutet ein betontes *„oder aber“*. Man lese immer die Frage und ihre Gegenfrage. Der Vergleich soll zu einer Entscheidung führen, die am rechten Tabellenrand durch eine Ziffer gekennzeichnet ist, sie verweist auf die nächstfolgende Fragengruppe. Man sucht nun diese auf und wählt wieder eine Alternative.

Auf diese Weise bestimmt man schrittweise weiter, bis eine letzte, meist umfangreichere Beschreibung zum Namen der Art führt.

Diese so aufgefundene Spezies wird jetzt im speziellen Teil nachgeschlagen und durch Vergleiche mit der Diagnose und den Abbildungen bestätigt.

Die Größenangaben beziehen sich immer auf Mittelwerte, diese können sowohl nach oben wie nach unten erheblich abweichen. Bastarde sind nur ausnahmsweise in den Bestimmungsschlüsseln enthalten: *Salix* × *rubens, Salix* × *hegetschweileri*. Im Winter lassen sich Weiden nicht nach den Tabellen bestimmen. Fotografien der Zweige mit den Knospen dienen zum Vergleich, tote Blätter in der unmittelbaren Umgebung einer Weide können oft noch Blattmerkmale einer Spezies enthalten!

Die angegebenen Fundorte entsprechen weitgehend den Beobachtungen der Verfasser. Frühere Angaben aus der Literatur sind häufig veraltet, manchmal handelt es sich auch um verkannte Spezies. Unsichere Angaben wurden nach Möglichkeit ausgeschieden, die Verbreitungsverhältnisse bleiben deshalb in einigen Fällen lückenhaft.

Spalierweiden

Bestimmungstabelle für niederliegende, flach am Boden kriechende oder an Felsen geschmiegte Sträuchlein (für männliche und weibliche Blüten, sowie Blätter)

1. Niederliegende Sträuchlein (Spaliersträucher), auf alpinem Rasen, Felsschutt und in Schneetälchen – nicht in Torfmooren: 2

– Kleiner Strauch in Mooren, Triebe zwischen *Sphagnum*-Moos kriechend; Endtriebe bis 50 cm hoch aufgebogen. Sehr selten: *Salix myrtilloides* (Seite 102)

2. Blätter kahl, kurz gestielt; Fruchtknoten kahl; 2 Nektarien: 3

– Blätter einseitig oder beidseitig behaart; Fruchtknoten behaart: 5

3. Äste unterirdisch, Blätter bilden einen niedrigen Rasen; Blatt rundlich, Rand gekerbt-gesägt, fein netznervig; Kätzchen unscheinbar, mit 5 bis 10 Blüten; in Schneetälchen: *Salix herbacea* (Seite 36)

– Äste meist an der Oberfläche, oft an Felsen geschmiegt; Blätter ganzrandig, bogennervig, beidseitig grün: 4

4. Blätter verkehrt-eiförmig, keilförmig in den Blattstiel zusammenlaufend, bis 25 mm lang, Spitze breit abgerundet oder ausgerandet; Kätzchen aufgerichtet mit 12 bis 20 Blüten: *Salix retusa* (Seite 40)

– Ähnlich wie *Salix retusa*, aber kleiner; Blätter elliptisch bis verkehrt-eiförmig, 4 bis 8 mm lang, 3 mm breit, kurz zugespitzt oder stumpf; Kätzchen unscheinbar, mit 2 bis 7 Blüten: *Salix serpyllifolia* (Seite 42)

5. Zweige meist unterirdisch; Blätter und Kätzchen lang gestielt, aufgerichtet; Blätter rundlich bis breit elliptisch mit auffällig tief eingesenktem Nervennetz, oberseits zuerst grau zottig, später sattgrün, kahl, unterseits und Stiel hell, kurz-seidig behaart; Kätzchen endständig, dicht kolbenförmig, rot, bis 15 mm lang: *Salix reticulata* (Seite 38)

– Blätter 3 mm lang gestielt, elliptisch bis verkehrt-eiförmig, oberseits kahl oder dünn, wirr behaart; Kätzchen kurz zylindrisch, rot-violett, weiß behaart: 6

6. Blätter meist ganzrandig, elliptisch, 15 mm lang, Oberseite kahl, lebhaft grün, Unterseite entlang der Mittelachse behaart, Rand bewimpert; Fruchtknoten deutlich gestielt; Alpen, selten: *Salix alpina* (Seite 60)

– Blätter kurz gesägt, drüsig, verkehrt-eiförmig, Oberseite in der Regel spinnfädig lang, wirr behaart (Lupe!), Unterseite schwächer behaart oder kahl, glänzend; Fruchtknoten sitzend; Alpen: *Salix breviserrata* (Seite 72)

Diagnosen der Spalierweiden (Teppichweiden)

Alphabetische Reihenfolge

Weidenteppich von *Salix retusa*. Herbstaspekt: Blätter gelb, helle Flocken der ausgetretenen Flugsamen, ½ natürl. Größe.

Salix herbacea Linné 1753
Krautweide

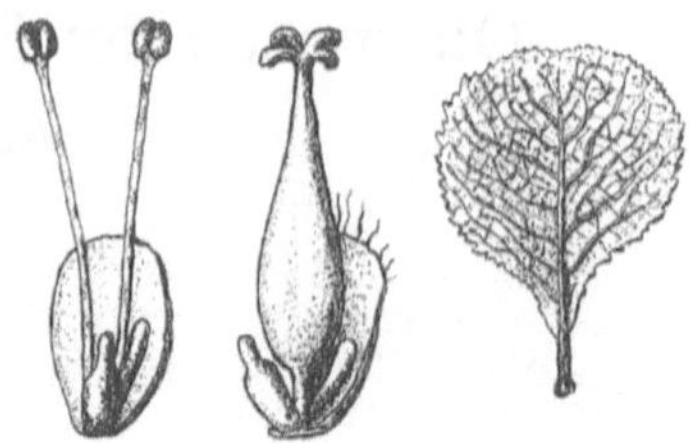

Figur 5
Männliche und weibliche Blüte, 8× vergrößert; Sommerblatt, natürl. Größe

Habitus Äste und Zweige unterirdisch; die Blätter bilden einen niedrigen, den Boden deckenden Rasen.

Kätzchen kurz gestielt, sehr klein mit 5 bis 10 Blüten, am Triebende, von Laubblättern rosettenartig umhüllt.

Tragblatt einfarbig, blaßgrün oder blaßrosa, Spitze manchmal purpurn gesäumt, Vorderrand zuweilen mit spärlichen kurzen, krausen Härchen.

Staubfäden kahl; Staubbeutel rundlich-elliptisch, rot, Pollen gelb; selten 3 bis 4 Staubblätter!

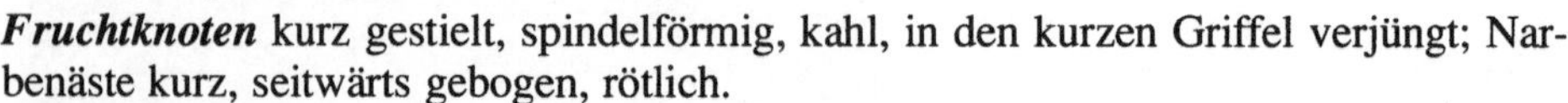

Fruchtknoten kurz gestielt, spindelförmig, kahl, in den kurzen Griffel verjüngt; Narbenäste kurz, seitwärts gebogen, rötlich.

Nektarien 2, länglich, das innere Nektarium flaschenförmig, das äußere keulenförmig.

Blütezeit Ende Juni bis August, nach der Blattentfaltung.

Blatt rundlich, 12 bis 15 mm lang, am Grund keilförmig in den Blattstiel zusammengezogen, Spitze oft leicht ausgerandet, Rand gekerbt-gesägt; Oberseite sattgrün leicht glänzend, Unterseite etwas heller grün, beidseitig kahl; das feine, flache Nervennetz hell durchscheinend; Blattstiel 3 mm lang; Nebenblätter sehr klein, oft fehlend.

Chromosomensatz 2 n = 38 (Tutin/Heywood et al., 1964).

Standort alpine Rasen, feuchter Felsschutt, nordexponierte, lang von Schnee bedeckte Mulden (Schneetälchen); auf Silikatunterlage.

Verbreitung Alpen, vor allem innere Ketten.

TAFEL 4

Salix herbacea. ① männliche und ② weibliche Kätzchen, stark vergrößert; ③ Spalierrasen von *Salix herbacea*, natürl. Größe.

Salix reticulata Linné 1753
Netzblättrige Weide

Figur 6
Männliche und weibliche Blüte, 10 × vergrößert; Sommerblatt, halbe Größe

Habitus Äste zumeist unterirdisch; über dem Boden kriechende Zweige graubraun bis schwärzlich, kahl, bewurzelnd.

Kätzchen gestielt, aufrecht, Stiel 2 cm lang, dicht grau flaumig, verkahlend, ohne Blätter, Kätzchen länglich zylindrisch, kolbenförmig, 12 bis 15 mm lang, dichtblütig.

Tragblatt purpurn, dicht behaart, bärtig.

Staubfäden kahl; Staubbeutel länglich-elliptisch, ockergelb.

Fruchtknoten sitzend oder sehr kurz gestielt, gedrungen, purpurn, dicht silbergrau behaart; Griffel sehr kurz; Narbenäste kurz, seitlich gespreizt, purpurn.

Nektarien 2, das innere Nektarium breit, zuweilen gespalten, das äußere schlank, etwas länger.

Blütezeit Juni bis Juli, nach der Blattentfaltung.

Blatt breitelliptisch bis rund, 3 cm lang, vorn abgerundet oder leicht ausgerandet, ganzrandig, Oberseite sattgrün glänzend, kahl oder grau flaumig; Nervennetz tief eingesenkt, Unterseite heller mit stark vorspringendem Nervennetz, dicht behaart; Blattstiel über 1 cm lang, rötlich, flaumig behaart, selten verkahlend; keine Nebenblätter.

Chromosomensatz 2 n = 38 (Tutin/Heywood et al., 1964).

Standort steinige Rasen, Felsschutt; vorwiegend auf Kalk; 1300 bis gegen 3000 m ü. M.

Verbreitung ganze Alpen, Hochjura, Chasseral bis Reculet.

TAFEL 5

Salix reticulata. ① männliche und ② weibliches Kätzchen, leicht vergrößert; ③ Sommerblätter.

Salix retusa Linné 1753
Stumpfblättrige Weide

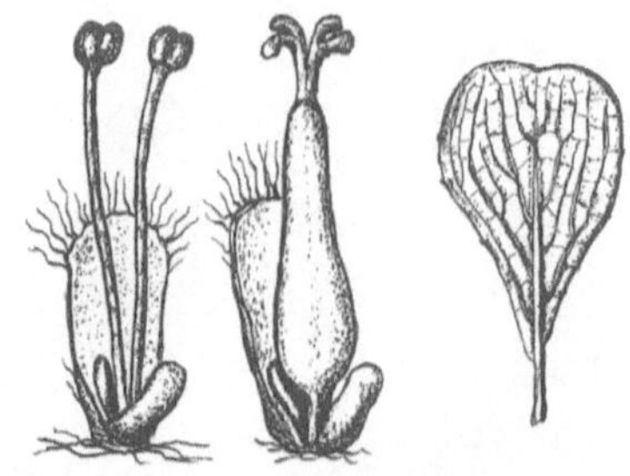
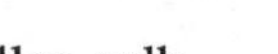

Figur 7
Männliche und weibliche Blüte, 8 × vergrößert; Sommerblatt natürl. Größe

Habitus Äste meist über dem Boden, oft an Felsen geschmiegt; Zweige graubraun, dunkel- bis rötlichbraun, knotig; junge Triebe gelb oder grünlich, kahl.

Kätzchen gestielt, 10 bis 15 mm lang, mit 12 bis 20 Blüten

Tragblatt einfarbig, grünlich, oft mit rötlichem Saum, an der Spitze mit spärlichen krausen Haaren.

Staubfäden kahl; Staubbeutel rot, Pollen gelb.

Fruchtknoten kurz gestielt, ei-kegelförmig, kahl; Griffel abgesetzt, kurz gespalten; Narbenäste seitlich gebogen.

Nektarien 2, das innere Nektarium keulenförmig, das äußere schlank, hinter dem Tragblatt verborgen.

Blütezeit Juni bis Juli, nach der Blattentfaltung

Blatt verkehrt-eiförmig, 15 bis 25 mm lang, am Grund keilförmig zusammenlaufend, vorn breit abgerundet; Sommerblätter meist ausgerandet, seltener stumpf oder zugespitzt; Rand unterbrochen kleindrüsig gesägt oder ganzrandig; Blattnerven bogenförmig; beide Blattseiten gleichförmig grün, matt oder leicht glänzend, kahl; Blattstiel 2 bis 3 mm lang; keine Nebenblätter.

Chromosomensatz 2 n = 114 (Büchler, 1985).

Standort felsiger Rasen, Schutthalden, an Felsblöcke geschmiegt.

Verbreitung Schweiz: Alpen, Südwestjura bis Montoz.

Signifikante Merkmale im Herbst färben sich die Blätter leuchtend gelb und verbreiten einen penetranten Geruch nach Baldrian.

TAFEL 6

Salix retusa. (1) männliche und (2) weibliche Kätzchen vergrößert; (3) Spalierrasen von *Salix retusa*, natürl. Größe.

Salix serpyllifolia Scopoli 1772
Quendelblättrige Weide

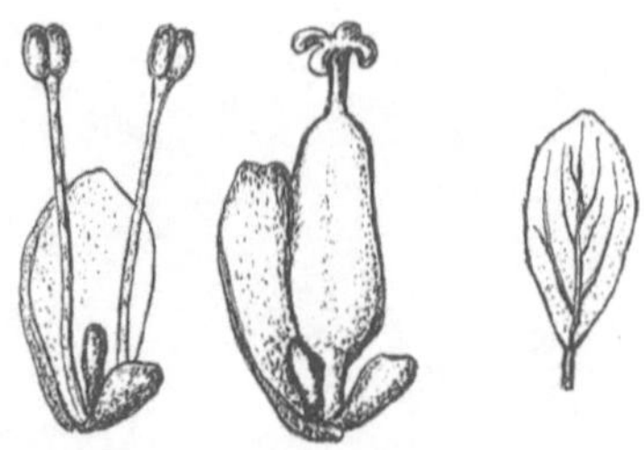

Figur 8
Männliche und weibliche Blüte, 10 × vergrößert; Sommerblatt 2 × vergrößert

Habitus Spalierstrauch der Alpen, unterscheidet sich von *S. retusa* (S. 40) durch kleineren Wuchs und durch sehr kleine, schmale Blättchen; Äste auf Felsschutt kriechend, zum Teil unterirdisch; alte Zweige bräunlich bis schwarz, knotig, stark und kurz verzweigt, kahl, junge Zweige gelblich oder grünlich.

Kätzchen sehr kurz gestielt, klein, mit wenigen (2 bis 7) Blüten, von Blättern rosettenartig eingefaßt.

Tragblatt einfarbig grün, kahl.

Staubfäden kahl; Staubbeutel rot, Pollen gelb.

Fruchtknoten kurz gestielt, dick, leicht konisch, gegen die Spitze etwas verjüngt, kahl; Griffel deutlich abgesetzt, nicht gespalten; Narbe vierteilig seitwärts gebogen.

Nektarien 2, das innere Nektarium länger und breiter, das äußere schmal.

Blütezeit Juli, nach der Blattentfaltung.

Blatt 4 bis 8 mm lang, 3 mm breit, schlank elliptisch, zugespitzt oder stumpf, ganzrandig; Blattnerven bogenförmig, beide Blattseiten gleichfarbig grün, leicht glänzend, kahl; Blattstiel 1 bis 2 mm lang; keine Nebenblätter; Blätter dicht gedrängt stehend.

Chromosomensatz 2 n = 38 (Büchler, 1986).

Standort auf Felsschutt und steinigen Rasen.

Verbreitung Alpen, vor allem innere Ketten.

Seltener als *Salix retusa*.

TAFEL 7

Salix serpyllifolia. ① männliche und ② weibliche Kätzchen, vergrößert; ③ Spalierrasen, natürl. Größe.

Aufrechte Sträucher und Bäume

Bestimmungstabelle für männliche Blüten
[Niederliegende Sträuchlein: siehe Bestimmungstabelle ‚Spalierweiden' (Seite 33)]

1. Mehr als 2 Staubfäden: 2

– 2 Staubfäden: 3

2. 3 Staubfäden; Tragblatt einfarbig, hell: *Salix triandra* (Seite 120)

– 4 bis 6 oder mehr Staubfäden: *Salix pentandra* (Seite 108)

3. Staubfäden mehr oder weniger, z. T. ganz zusammengewachsen: 4

– Staubfäden frei, nicht zusammengewachsen: 6

4. Staubfäden in ganzer Länge zusammengewachsen: *Salix purpurea* (Seite 112)
[kleinere subalpine Form: *S. purpurea ssp. angustior* (Seite 114)

– Staubfäden zur Hälfte oder zu Zweidritteln zusammengewachsen: 5

5. Staubbeutel gelb; Tragblatt dünn, einfarbig, spärlich behaart: *Salix elaeagnos* (Seite 82)

– Staubfäden verschieden hoch zusammengewachsen, Staubbeutel blühend blauviolett, Tragblatt zweifarbig: *Salix caesia* (Seite 74)

6. Tragblatt einfarbig; bis zur Spitze hell, Staubfäden behaart: 7

– Tragblatt dunkel: 9

7. Strauch der Alpen bis 70 cm hoch: *Salix glaucosericea* (Seite 90)

– Hoher Baum: 8

8. Tragblatt nur an der Basis kurz behaart, Spitze nicht bärtig; Verzweigung spitzwinklig, Zweige zäh: *Salix alba* (Seite 58)

– Tragblatt dicht behaart, Spitze lang bärtig; Verzweigung rechtwinklig, Zweige leicht, knackend abbrechend: *Salix fragilis* (Seite 86)
[*Bastard Salix alba* × *Salix fragilis* = *Salix* × *rubens:* Seite 132]
Parkbaum mit stark überhängenden Zweigen, Kätzchen oft mit männlichen und weiblichen Blüten: *Salix babylonica* (Seite 68)

9. Tragblatt rot-violett: 10

– Tragblatt deutlich zweifarbig: Basis hell, Spitze braun oder schwarz: 11

10. Sträuchlein niederliegend, Triebe bis 30 cm aufgebogen; Zweige aufreißend, abschilfernd: *Salix breviserrata* (Seite 72)

– Sträuchlein am Boden kriecchend, Zweige wurzelnd: *Salix alpina* (Seite 60)

11. Staubfäden mehr oder weniger deutlich, z. T. nur an der Basis behaart:...... 12

– Staubfäden kahl:.. 18

12. Kätzchen eiförmig oder spitzeiförmig, 1 bis 2 cm lang: 13

– Kätzchen zylindrisch, 2,5 bis 3 cm lang: 16

13. Entrindetes Holz glatt, ohne Striemen; Blütezeit erst nach Austrieb der ersten Blätter am Triebende:.. 14

– Entrindetes Holz mit kurzen oder langen Striemen; Blütezeit vor oder mit dem Ausbruch der ersten Blätter: 15

14. Breitwüchsiger, oft 3 m hoher dicht verzweigter Strauch; mehrjährige Zweige grau oder braun, glatt, meist kahl: *Salix appendiculata* (Seite 64)

– Meist aufrechter, 1 bis 3 m hoher Strauch; mehrjährige Zweige meist mattschwarz oder graubraun, kurz flaumig: *Salix laggeri* (Seite 98)

15. Kätzchen 1,5 cm lang, kurz elliptisch; Strauch sparrig verzweigt; 60 cm, seltener bis 2 m hoch; Zweige rötlichbraun, meist kurz behaart; entrindetes Holz mit zahlreichen, 1 bis 2 cm langen ausgeprägten Striemen:
Salix aurita (Seite 66)

– Kätzchen 1,7 cm lang, eiförmig, am Stiel einige grüne Blättchen; jüngere Zweige oliv bis braun, kurz borstig; entrindetes Holz mit zerstreuten 2 bis 3 mm langen Striemen; kollin-montan bis ca. 1500 m ü. M.:
Salix nigricans (Seite 104)

16. Kätzchen zylindrisch bis 3 cm lang; breitwüchsiger bis 4 m hoher Strauch, oben abgeflacht; jüngere Zweige grau oder zimtbraun, kurz samtig behaart; entrindetes Holz mit zahlreichen, mehrere Zentimeter langen Striemen:
Salix cinerea (Seite 78)
[ähnlich *Salix cinerea,* aber Blattnerven rostrot: *Salix atrocinerea* Seite 78]

– Aufrechte 1,5 bis 2 m hohe Sträucher; entrindetes Holz mit zerstreuten kurzen, scharf ausgeprägten Striemen:.................................. 17

17. Strauch, kahl; Zweige grün oder rötlichbraun; Kätzchen spitz-eiförmig, 2,5 cm lang; süd-östliche Alpen: *Salix glabra* (Seite 88)

– Strauch bis 2 m hoch; junge Triebe oft rot, flaumig, verkahlend; Zweige oliv bis ockerbraun, glatt; Kätzchen spitz-eiförmig, 2,5 cm lang; Ostalpen:
Salix mielichhoferi (Seite 100)

18. Kätzchen klein, 1 bis 1,5 cm lang: 19

– Kätzchen groß, 2 bis 4 cm lang: 22

19. Niederliegendes Sträuchlein in Mooren; Zweige im Moos versteckt, nur Endtriebe aufsteigend bis 50 cm; Kätzchen 1,5 cm lang; sehr selten:
Salix myrtilloides (Seite 102)

– Strauch aufrecht: 20

20. Kleines Sträuchlein, Äste im Boden; Zweige straff aufrecht, selten über 50 cm hoch; Kätzchen eiförmig, bis 1 cm lang; Staunasse Wiesen und Moore:
Salix repens (Seite 116)
Verwandte Arten: siehe Diagnose *Salix repens* (Seite 116)

– Strauch 1 oder 2 m hoch, dicht verzweigt, breitwüchsig: 21

21. Strauch bis 1 m hoch; Kätzchen klein, kurz-zylindrisch, 1 bis 1,5 cm lang; Tragblattspitze braun oder purpurn; Alpen: *Salix foetida* (Seite 84)

– Strauch bis 2 m hoch; letztjährige Zweige dunkel rotbraun bis schwarz, stark glänzend, kahl; entrindetes Holz mit zerstreuten, 2 bis 5 mm langen Striemen; Kätzchen klein, eiförmig; Tragblattspitzen schwarz; Alpen; über 1500 m:
Salix nigricans ssp. alpicola (Seite 106)

22. Strauch 50 cm bis 3 m hoch: 23

– Strauch bis 8 m hoch oder Baum: 27

23. Strauch selten über 80 cm hoch, meist ausgebreitet; Äste glatt, braun-orange, fast kahl; Kätzchen zylindrisch, 2 cm lang, dicht weißwollig, die schwarzen Tragblattspitzen sichtbar; Blütezeit mit weiß-seidigen Erstblättern; Alpen:
Salix helvetica (Seite 96)

– Strauch 0,5 bis 3 m hoch; Äste braun, oliv oder rötlichbraun; Kätzchen 2,5 bis 4 cm lang: 24

24. Strauch um 50 cm hoch, ausgebreitet oder aufrecht: 25

– Strauch 0,8 bis 3 m hoch, dicht verzweigt: 26

25. Strauch dichtwüchsige Horste bildend; Zweige oliv bis bräunlich, kahl, junge Triebe flaumig; Kätzchen schlank zylindrisch, 2,5 bis 3 cm lang, Kätzchenstiel mit grünen, ganzrandigen Blättchen; Ostalpen; auf Kalk und Dolomit:
Salix waldsteiniana (Seite 124)

– Strauch bogig ausgebreitet; Zweige rötlichbraun glänzend, mit Aufschürfungen; Kätzchen an der Spitze aufrechter Triebe gehäuft; nur 1 Fundort (Süddeutschland): *Salix starkeana* (Seite 118)

26. Strauch 0,8 bis 1,5 m hoch; Äste graubraun, kahl, jüngste Triebe grünlich, leicht flaumig; Kätzchen zylindrisch, bis 4 cm lang, dicht hellgrau behaart; Staubfäden lang, den Haarpelz überragend; subalpin; Hochstaudengebüsche: *Salix hastata* (Seite 92)

– Strauch bis 3 m hoch, Äste graubraun bis oliv, jüngere Triebe rötlichbraun, halbmatt (nie schwarz glänzend)! Kätzchen 2,5 bis 4 cm lang, Kätzchenstiel weißhaarig mit einigen Tragblättchen ohne Blüte; an Uferdämmen; Mittelgebirge bis subalpin: *Salix bicolor* (Seite 70)
[seltener Bastard
Salix bicolor × *nigricans ssp. alpicola: Salix* × *hegetschweileri* (Seite 94)]

27. Bis 8 m hoher Strauch; Zweige rötlichbraun, junge Triebe grün, kahl, glatt; Kätzchen aufrecht stehend, dicht zylindrisch, bis 4 cm lang; Nektarium schlauchförmig, bis 1 mm; Staubfäden lang; kollin meist angepflanzt, verwildert: *Salix viminalis* (Seite 122)

– Baum, seltener Strauch: 28

28. Kleiner Baum; Rinde mit reihenweisen rautenförmigen Aufbrüchen; junge Triebe kurz behaart, verkahlend; Kätzchen groß, eiförmig, bis 3 cm lang, Blütezeit vor dem Blattaustrieb; kollin bis subalpin, (bis Waldgrenze): *Salix caprea* (Seite 76)

– Hoher, schlanker Baum; Stamm gelblichgrau, längsrissig; jüngere Zweige zum Teil mit hellem, blaßblauem, abwischbarem Wachsbelag; Kätzchen zuerst weißbehaartes Bällchen, blühend dick zylindrisch, 4 cm lang, der Haarpelz von den langen Staubfäden überragt; subalpin, entlang der Alpenflüsse oft bis ins Flachland. Von Bienenzüchtern häufig gepflanzt: *Salix daphnoides* (Seite 80)

Bestimmungstabelle für weibliche Blüten
[Niederliegende Sträuchlein: siehe Tabelle ‚Spalierweiden' (Seite 33)]

1. Tragblatt einfarbig, bis zur Spitze hell, event. Purpursaum: 2

– Tragblatt deutlich zweifarbig, Basis hell, Spitze braun oder schwarz: 9

2. Fruchtknoten kahl: 3

– Fruchtknoten behaart; Strauch 70 cm hoch; Blätter zur Blütezeit voll entfaltet, ganzrandig, beidseitig lang seidig; Alpen: *Salix glaucosericea* (Seite 90)

3. Große, 10 bis 20 m hohe Bäume: 4

– Kleinere Sträuchlein, Strauch oder kleiner Baum: 6

4. Parkbaum um 10 m hoch; mit starken, ausladenden Ästen; Zweige rutenförmig, überhängend; Kätzchen oft bisexuell, mit männlichen und weiblichen Blüten: *Salix babylonica* (Seite 68)

– Große, oft über 20 m hohe Bäume; Zweige nicht rutenförmig, Kätzchen eingeschlechtig; häufig an Flußufern: 5

5. Tragblatt kurz behaart, Spitze nicht bärtig; Kätzchen 3 bis 5 cm lang; Verzweigungen spitzwinklig, zäh; Blattunterseiten dicht behaart: *Salix alba* (Seite 58)

– Tragblatt stark behaart, Spitze lang bärtig; Kätzchen 5 bis 7 cm lang; Verzweigungen rechtwinklig, leicht knackend abbrechend, Blattoberseite völlig kahl, glatt: *Salix fragilis* (Seite 86)
[Bastard *Salix alba x Salix fragilis;* ähnlich *Salix fragilis;* Blattoberseite aber sehr kurz, hell behaart: *Salix × rubens* (Seite 132)

6. Kleines Sträuchlein in Mooren; Zweige zwischen Sphagnum-Moos kriechend; Endtrieb ca. 50 cm aufsteigend; Fruchtknoten sehr lang gestielt, groß, kegelförmig, kahl; sehr selten: *Salix myrtilloides* (Seite 102)

– Größerer Strauch oder kleiner Baum: 7

7. Blütezeit Juni bis Juli; 2 Nektarien: *Salix pentandra* (Seite 108)

– Blütezeit März bis Mai; 1 Nektarium:. 8

8. Kätzchen kompakt walzlich; Tragblätter dachziegelartig, satt angepreßt, nur vom Griffel und der Narbe überragt; Sträucher z. T. große Bäume: *Salix elaeagnos* (Seite 82)

– Hoher Strauch, Rinde löst sich an der Basis in Fetzen ab; Kätzchen aufgerichtet, bis 5 cm lang, schlank, lang gestielt, Durchmesser 4 mm; Fruchtknoten kegelförmig, Griffel sehr kurz, Narbe breit umgebogen; an Flußufern: *Salix triandra* (Seite 120)

9. Tragblattspitze braun oder schwarz: 11

– Tragblatt rötlich-violett; Sträuchlein am Boden kriechend oder bis 30 cm hoch: 10

10. Sträuchlein niederliegend; Kätzchen bis 1,5 cm lang; Fruchtknoten so lang gestielt wie das Nektarium, behaart, Griffel lang; Tragblatt, Nektarium und Narbe violett; Blatt ganzrandig: *Salix alpina* (Seite 60)

– Sträuchlein niederliegend bis 30 cm hoch; Kätzchen bis 3 cm lang, Fruchtknoten sitzend, behaart; Nektarium, Tragblattspitze und Narbe rotviolett; Blattrand klein gesägt: *Salix breviserrata* (Seite 72)

11. Kätzchen klein, 1 bis 1,8 cm lang: 12

– Kätzchen groß, zylindrisch, 2 bis 4 cm lang: 17

12. Fruchtknoten sitzend, nicht über 1 mm lang gestielt:. 13

– Fruchtknoten deutlich gestielt:. 14

13. Kätzchen schlank zylindrisch, bis 16 mm lang, 4 mm Durchmesser; Fruchtknoten eiförmig, behaart, Narbe ohne Griffel aufsitzend; subalpin:
Salix purpurea ssp. angustior (Seite 114)

– Kätzchen länglich eiförmig, 1 bis 1,5 cm lang; Fruchtknoten kegelförmig, behaart; subalpin-alpin: *Salix caesia* (Seite 74)

14. Fruchtknoten etwa so lang gestielt wie das Nektarium:.................. 15

– Fruchtknoten fast so lang gestielt wie die Länge des Tragblatts:........... 16

15. Fruchtknoten etwas kürzer gestielt als die Nektariumlänge, Griffel etwas länger als dieses; Strauch 1 m hoch, dicht-, breitwüchsig, Blütezeit mit Blattausbruch; Blattrand gesägt mit hellen Drüsen; Alpen; meist auf Silikatböden:
Salix foetida (Seite 84)

– Fruchtknoten mindestens so lang gestielt wie das Nektarium, schlank eikegelförmig, kahl oder behaart; Strauch 2 bis 5 m hoch; Zweige dicht grau borstig:
Salix nigricans (Seite 104)
[Alpen über 1500 m: Strauch bis 2 m hoch; Zweige kahl, dunkel rotbraun bis tiefschwarz, stark glänzend: *Salix nigricans ssp. alpicola* (Seite 106)

16. Kleines Sträuchlein; Äste meist im Boden, Zweige straff aufrecht, selten über 50 cm hoch; Kätzchen eiförmig, 8 bis 12 mm lang; Riedwiesen, Torfmoore:
Salix repens (Seite 116)
Verwandte Arten: siehe bei der Diagnose *Salix repens* (Seite 116)

– Strauch 60 cm bis 2 m hoch; entrindetes Holz mit zahlreichen über 1 cm langen Striemen; Kätzchen spitzeiförmig, 1,2 bis 1,5 cm lang; Fruchtknoten behaart, Griffel sehr kurz; feuchte Wiesen; kollin-montan, Voralpen:
Salix aurita (Seite 66)

17. Fruchtknoten sitzend:.. 18

– Fruchtknoten deutlich gestielt:...................................... 19

18. Kätzchen lang zylindrisch, teilweise gegenständig, waagrecht abstehend, gekrümmt; Fruchtknoten eiförmig, Narbe ohne Griffel, sitzend; Strauch; kollin-montan: *Salix purpurea* (Seite 112)
[Subalpin, über 1200 m die kleinere, zierliche
Salix purpurea ssp. angustior (Seite 114)

– Kätzchen eiförmig, gedrungen, aufrecht stehend; Griffel und fädige Narben lang; Nektarium lang schlauchförmig; hoher Strauch; kollin, meist gepflanzt:
Salix viminalis (Seite 122)

19. Fruchtknoten etwa so lang gestielt wie das Nektarium:.................. 20

– Fruchtknoten mindestens halb so lang gestielt wie das Tragblatt:........... 26

20. Fruchtknoten seitlich zusammengedrückt, kahl:.......................... 21

– Fruchtknoten drehrund, nicht zusammengedrückt: 22

21. Kätzchen sehr groß; Fruchtknoten fast sitzend, an der Basis stark seitlich zusammengedrückt; Strauch oder Baum; jüngere Zweige mit blaßblauem, abwischbarem Wachsbelag: *Salix daphnoides* (Seite 80)

– Kätzchen groß, dicht hellgrau behaart; Fruchtknoten leicht zusammengedrückt, kruz gestielt, kahl; Tragblatt dicht behaart, bärtig; Strauch 80 cm bis 1,5 m hoch: *Salix hastata* (Seite 92)

22. Fruchtknoten kahl: 23

– Fruchtknoten behaart:. 24

23. Strauch 80 cm bis 1,5 m hoch, kahl; Kätzchen lang zylindrisch, Blüten straff nach vorne gerichtet; Blütezeit kurz nach Blattentfaltung: *Salix glabra* (Seite 88)

– Strauch 2 m hoch, Wuchs gedrungen; Kätzchen locker zylindrisch, Blüten seitwärts stehend; Fruchtknoten aus kugelförmiger Basis schmal zum kurzen Griffel verjüngt; nur Ostalpen: Salix mielichhoferi (Seite 100)

24. Strauch bis 3 m hoch; Kätzchen schlank zylindrisch, 4 cm lang; Fruchtknoten weiß-seidig behaart; nacktes Holz mit 2 bis 3 mm langen Striemen; Mittelgebirge, subalpin: *Salix bicolor* (Seite 70)
[seltener Bastard
Salix bicolor × nigricans ssp. alpicola: Salix × hegetschweileri (S. 94)]

– Strauch 50 bis 80 cm hoch: 24

25. Strauch 50 cm hoch, dichtwüchsige Horste bildend; Triebe oliv bis bräunlich, kahl, junge Triebe flaumig; Kätzchen schlank zylindrisch, 3,5 bis 4 cm lang, Kätzchenstiel mit grünen, ganzrandigen Blättchen; östliche Alpen; auf Kalk und Dolomit: *Salix waldsteiniana* (Seite 124)

– Strauch um 80 cm hoch, breitwüchsig; Äste glatt, braun-orange, fast kahl; Kätzchen zylindrisch, 2,5 cm lang, dicht weißwollig, die schwarzen Tragblattspitzen sichtbar; Blütezeit mit weiß-seidigen Erstblättern; Alpen: *Salix helvetica* (Seite 96)

26. Kleiner Strauch, bogig ausgebreitet; Zweige rötlichbraun glänzend mit Aufschürfungen; Kätzchen an der Spitze aufrechter Triebe gehäuft. Nur 1 Fundort (Süddeutschland): *Salix starkeana* (Seite 118)

– Großer Strauch oder kleiner Baum:. 27

27. Hoher Strauch oder kleiner Baum; Rinde grau mit reihenweisen rautenförmigen Aufbrüchen. Kätzchen 2,5 bis 4 cm lang: *Salix caprea* (Seite 76)

– Strauch; Rinde ohne reihenweise rautenförmige Aufbrüche: 28

28. Breitwüchsiger bis 4 m hoher Strauch, oben abgeflacht; jüngere Zweige grau bis zimtbraun, kurz samtig behaart; Kätzchen dick, zylindrisch, bis 4 cm lang; Entrindetes Holz mit zahlreichen langen Striemen: *Salix cinerea* (Seite 78) [ähnlich *Salix cinerea,* aber Blattnerven rostrot: *Salix atrocinerea* (Seite 78)]

– Entrindetes Holz ohne Striemen: 29

29. Strauch bis 3 m hoch, dicht verzweigt, mehrjährige Zweige grau oder braun, glatt, meist kahl: *Salix appendiculata* (Seite 64)

– Aufrechter Strauch bis 3 m hoch, manchmal auch niederliegend-bogig aufsteigend; mehrjährige Zweige meist matt-schwarz oder graubraun, kurz flaumig: *Salix laggeri* (Seite 98)

Bestimmungstabelle für normale Blätter des Sommers
(Nicht für Erstblätter und späte Langtrieb-Blätter. Junge Blätter sind zumeist behaart, verkahlen oft; als ‚behaart' werden Blätter nur dann bezeichnet, wenn sie in reifem Zustand noch Haare aufweisen)!

1. Blätter klein, ausgewachsen nur 15–25 mm lang: 2

– Blätter groß, ausgewachsen mindestens 3 cm lang: 6

2. Blätter elliptisch, meist kahl: 3

– Blätter verkehrt-eiförmig, Oberseite dünn, wirr behaart, Unterseite meist kahl, glänzend; Rand klein gesägt; Sträuchlein niederliegend, bogig bis 30 cm hoch; alpin: *Salix breviserrata* (Seite 72)

3. Blätter ganzrandig: 4

– Blattrand regelmäßig gesägt mit hellen Drüsen, Blatt steif, oberseits sattgrün, glänzend, unterseits bläulichgrün: *Salix foetida* (Seite 84)

4. Blatt 15 bis 25 mm lang: 5

– Blatt 15 mm lang, oberseits grün, kahl, unterseits wenig heller, am Mittelnerv und Rand oft fein behaart; Sträuchlein niederliegend; auf Dolomit: *Salix alpina* (Seite 60)

5. Blatt beidseitig bläulichgrün, matt, elliptisch mit aufgesetztem Spitzchen; Strauch selten über 70 cm hoch, subalpin: *Salix caesia* (Seite 74)

– Blatt oberseits bläulichgrün, unterseits glauk, mit Wachsbelag; Sträuchlein im Moor kriechend, Endtriebe bis 50 cm hoch; sehr selten! *Salix myrtilloides* (Seite 102)

6. Blatt elliptisch oder verkehrt-eiförmig (bis 2 ×, selten 3 × so lang als breit): . 7

– Blatt lanzettlich (über 3 × so lang als breit):. 20

7. Blatt schmal oder breitelliptisch, vorn stumpf oder zugespitzt: 8

– Blatt im vorderen Teil deutlich breiter: 12

8. Blatt kahl: 9

– Blattunterseite mehr oder weniger behaart: 10

9. Blattoberseite grün, leicht glänzend, Unterseite glauk, mit Wachsbelag, die Spitze grün! Letztjährige Triebe dunkel rotbraun bis schwarz, stark glänzend, kahl; Blatt beim Trocknen schwarz werdend; Strauch 2 m hoch; 1550–2100 m, subalpin: *Salix nigricans ssp. alpicola* (Seite 106)

– Blatt beidseitig grün, Unterseite ohne Wachsbelag, glänzend; Blattrand grob gesägt; Zweige ockergelb bis bräunlich, kahl; Strauch 2 m hoch; Ostalpen; subalpin: *Salix mielichhoferi* (Seite 100)

10. Blattrand leicht gesägt, Oberseite grün, Unterseite glauk, mit Wachsbelag, Spitze grün, beidseitig mit zerstreuten Haaren; Blatt beim Trocknen schwarz werdend; jüngere Triebe schmutzig grünlichbraun, dicht borstig; kollin-montan; verbreitet: *Salix nigricans* (Seite 104)

– Blätter breitelliptisch, fast rundlich, ganzrandig oder buchtig gesägt: 11

11. Blatt kurz, schief zugespitzt, Oberseite grün, kahl, Unterseite mit stark vorspringendem Nervennetz, dicht wollig (im Griff weich); kleiner Baum; Stamm mit reihenweisen, rautenförmigen Aufbrüchen; kollin-montan, bis Waldgrenze: *Salix caprea* (Seite 76)

– Blatt dünn, Rand buchtig, schwach gesägt, Spitze kurz, gefaltet, Oberseite sattgrün, glänzend, Unterseite bläulichgrün matt; Strauch ausgebreitet, 50 cm hoch; Zweige rutenförmig, rotbraun. Nur ein Fundort im Gebiet: Irrendorfer Hardt (Süddeutschland): *Salix stareana* (Seite 118)

12. Blätter kahl: 13

– Blätter mehr oder weniger behaart: 16

13. Blatt fast ganzrandig, z. T. mit kleinen Drüsen, Spitze zurückgebogen, Oberseite sattgrün, glänzend, Unterseite glauk mit Wachsbelag; Nebenblättchen sehr klein, schmal keilförmig, früh vertrocknend; Strauch bis 3 m hoch; montan, subalpin; Alluvionen, Uferdämme: *Salix bicolor* (Seite 70)
[seltener Bastard
Salix bicolor × nigricans ssp. alpicola: Salix × hegetschweileri (Seite 94)]

– Blattrand mehr oder weniger gesägt: 14

14. Blattrand unregelmäßig, nicht bis zur Spitze gesägt, Unterseite mit vorspringendem Nervennetz; Nervennetz 3. Ordnung flach, fein, dunkel; Strauch 80 bis 150 cm hoch; Äste graubraun, kahl, dicht verzweigt: *Salix hastata* (Seite 92)

– Blattrand schwach gesägt, Oberseite sattgrün, auffällig glänzend: 15

15. Blatt länglich, fast lanzettlich, 6 cm lang, Spitze lang ausgezogen, Rand unregelmäßig gesägt; Unterseite glauk, mit dichtem Wachsbelag, matt; Strauch 80 bis 150 cm hoch, alle Teile kahl; südliche und östliche Alpen; zerstreut: *Salix glabra* (Seite 88)

– Blätter an den Triebenden in dichten Büscheln; Blätter an Langtrieben deutlich verkehrt-eiförmig, vorn am breitesten, 4 cm lang, Rand unregelmäßig, drüsig gesägt, Unterseite glauk, mit Wachsbelag; Nervennetz bis zur 3. Ordnung vorspringend; Blättchen der Kurztriebe kleiner, oval, ganzrandig; Strauch 50 cm hoch; östliche Alpen: *Salix waldsteiniana* (Seite 124)

16. Blatt unterseits wollig oder flaumig behaart: 17

– Blatt unterseits dicht angedrückt weißlich behaart, Oberseite kahl, grün glänzend oder zerstreut grau flaumig, fast ganzrandig, mit kleinen Drüsen; Strauch breitwüchsig, 80 cm hoch; Zweige gelbbraun, glänzend, spärlich behaart; Alpen; verbreitet: *Salix helvetica* (Seite 96)

17. Blatt oberseits trüb graugrün, matt, unterseits dicht grau flaumig, Rand wellig, unregelmäßig kleindrüsig gesägt; Strauch bis 4 m hoch, breitwüchsig, oben abgeflacht; jüngere Triebe bräunlich, kurz-samtig behaart, entrindetes Holz mit langen Striemen; feuchte Stellen, in Ufernähe; kollin-montan: *Salix cinerea* (Seite 78)
[ähnlich *Salix cinerea,* aber Blattnerven rostrot: *Salix atrocinerea* (Seite 78)]

– Blatt oberseits grün, kahl oder behaart:. 18

18. Blatt kurz, verkehrteiförmig, vorn breit abgerundet mit kurzer, schiefer Spitze, Rand ausgebissen gezähnt, kurz keilförmig zum Blattgrund laufend, Oberseite trübgrün, runzlig, kahl, Unterseite dichtflaumig; Strauch 60 cm bis 2 m hoch, Zweige braun, meist flaumig, entrindetes Holz mit 1 cm langen, deutlichen Striemen; Riedwiesen, Torfmoore; kollin-montan: *Salix aurita* (Seite 66)

– Blätter lang, zum Teil fast lanzettlich oder die Spitze deutlich breiter:. 19

19. Blatt vorne rundlich mit kurzer, gekrümmter Spitze, gegen den Blattgrund lang keilförmig zusammenlaufend, Oberseite sattgrün, mit eingesenktem Nervennetz, Rand umgebogen, unregelmäßig gesägt oder gebuchtet, Unterseite bläulichgrün, dichtes, vorspringendes Nervennetz borstig, behaart, im Griff rauh; hoher Strauch; montan-subalpin, bis zur Waldgrenze: *Salix appendiculata* (Seite 64)

– Blätter der Langtriebe bis 12 cm lang, schlank elliptisch bis lanzettlich, oberseits dunkelgrün, zerstreut flaumig, Unterseite dicht flaumig, verkahlend, Blätter der Kurztriebe kürzer, vorn abgerundet mit kurzer, schiefer Spitze, oberseits früh verkahlend, grün, leicht glänzend, Unterseite kurz grau flaumig; Strauch bis 3 m hoch, junge Triebe gelblichgrün, hell behaart, Basis weiß bärtig; mehrjährige Zweige schwarz oder dunkelbraun, matt; Alpen; selten: *Salix laggeri* (Seite 98)

20. Blätter lanzettlich, lang oder kurz zugespitzt: 21

– Blätter im vorderen Teil verbreitert, kahl: 30

21. Blätter mindestens 6 × so lang wie breit: 22

– Blätter deutlich weniger als 6 × so lang wie breit: 24

22. Blattrand stark nach unten gebogen; Blätter unterseits in der Rinne dicht graufilzig oder kurz silberhaarig: 23

– Blattrand flach, Blatt lineallanzettlich, 70 mm lang, max. 8 mm breit, Oberseite bläulichgrün, Unterseite heller, beidseitig kahl; Strauch aufrecht, bis 3 m hoch, locker verzweigt; subalpin:
Salix purpurea ssp. angustior (Seite 114)

23. Blatt selten über 12 cm lang, oberseits graugrün, schwach behaart oder kahl, Hauptnerv stark eingesenkt, unterseits mit vorspringendem, breitem Hauptnerv, Fläche dicht graufilzig; hoher Strauch oder Baum; kollin, montan, subalpin: *Salix elaeagnos (Seite 82)*

– Blatt bis 15 cm lang, max. 2,5 cm breit, lineallanzettlich, Oberseite sattgrün bis oliv, der Mittelnerv eingesenkt, Rand wellig mit kleinen Drüsen, nach unten gebogen, Unterseite mit dunklen Haupt- und Seitennerven, Fläche mit kurzen, metallisch glänzenden angedrückten Härchen; Strauch hochwüchsig, Zweige an der Basis leicht abbrechend; Ufergebüsche, Auen; kollin:
Salix viminalis (Seite 122)

24. Blattrand wenig umgebogen, Blatt an beiden Enden zugespitzt, 3 cm lang, 4 bis 6 Paar Seitennerven, Unterseite langseidig behaart, spät verkahlend; kleiner Strauch, Äste im Boden, Zweige straff aufrecht, um 50 cm hoch; in Ried- wiesen und Torfmooren: *Salix repens* (Seite 116)
Verwandte Arten: siehe bei der Diagnose *Salix repens* (Seite 116).

– Blatt flach, Rand nicht umgebogen: 25

25. Blatt beidseitig behaart: 26

– Blatt kahl: 27

26. Blatt flach, beide Enden zugespitzt, unterseits dicht mit silberglänzenden Haaren in der Längsrichtung, Blatt weißlich, Rand feindrüsig gesägt; großer Baum der Auenwälder; kollin: *Salix alba* (Seite 58)

– Blatt dick, weich, ganzrandig, 4 cm lang, beidseitig mit längs gerichteten Seidenhaaren bedeckt; Strauch ausgebreitet, bis 70 cm hoch; Alpen:
Salix glaucosericea (Seite 90)

27. Blätter 4 bis 10 cm lang: 28

– Blätter über 12 cm lang (hohe Bäume)! 29

28. Blatt flach, regelmäßig drüsig klein gesägt, Oberseite sattgrün, stark glänzend, Unterseite glauk, mit dichtem Wachsbelag; Nebenblätter am Grund des Blattstiels angewachsen, mit diesem abfallend! Schlanker Baum, jüngere Zweige mit blaßblauem, abwischbarem Wachsbelag: *Salix daphnoides* (Seite 80)

– Blatt bis 10 cm lang, flach, am Grund kurz zusammengezogen, Seiten fast parallel, lang zugespitzt, Rand regelmäßig drüsig gesägt, Oberseite sattgrün, Unterseite grün glänzend oder glauk, mit Wachsbelag; Blattbasis mit 2 stiftförmigen Petiolardrüsen; Nebenblätter groß, am Zweig (nicht am Blattstiel); großer Strauch, im Überschwemmungsbereich der Flüsse; kollin-montan, selten subalpin: *Salix triandra* (Seite 120)

29. Blatt flach, bis 17 cm lang, 2,5 cm breit, beide Enden lang zugespitzt, Rand knorpelig gesägt; großer Baum mit überhängenden Zweigen; gepflanzt als Parkbaum: *Salix babylonica* (Seite 68)

– Blatt flach, lang in die Spitze auslaufend, Oberseite dunkelgrün glänzend, kahl, Unterseite heller, bläulich, Rand buchtig gesägt, Drüsen in die Buchten gerückt; hoher Baum in den Auenwäldern; kollin-montan: *Salix fragilis* (Seite 86)
[Bastard *Salix alba* × *Salix fragilis;* Blattoberseite kurz hell behaart: *Salix* × *rubens* Seite 86/132)]

30. Blatt lederartig steif, größte Breite meist über der Mitte, Rand fein gesägt mit klebrigen Drüsen (balsamisch duftend)! Oberseite dunkelgrün, stark glänzend, Haupt- und Seitennerven gelb, Unterseite heller, bläulich-grün; am Blattgrund einige Petiolardrüsen; Baum oder Strauch; oft in Berglagen: *Salix pentandra* (Seite 108)

– Blatt nicht steif, 7 bis 12 cm lang, größte Breite im vorderen Drittel, gegen den Blattgrund allmählich zusammenlaufend, vorn kurz zugespitzt, von der Mitte bis zur Spitze klein, scharf gesägt, beidseitig kahl, matt; Strauch bis 6 m hoch, dicht buschig, Zweige zäh, Blätter oft gegenständig; Ufergelände, Gebüsche; bis gegen 1200 m. *Salix purpurea* (Seite 112)

Diagnosen der aufrechten Sträucher und Bäume

Alphabetische Reihenfolge

Salix × rubens. Durch früheren Schnitt der Triebe zur sogenannten ‚Kopfweide‘ geworden.

Salix alba Linné 1753
Silberweide, Weißweide

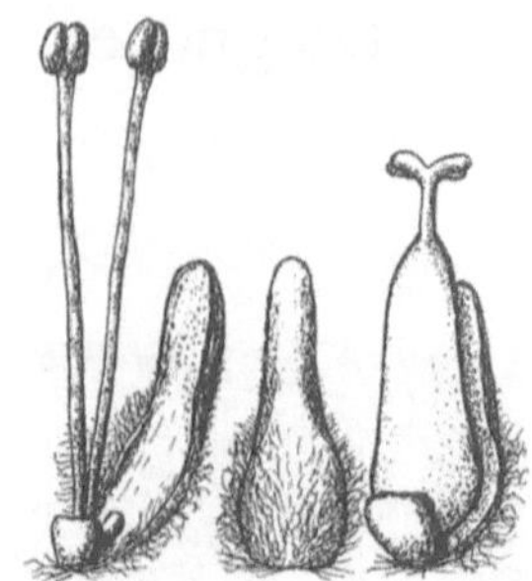
Figur 9
Männliche Blüte, Tragblatt, weibliche Blüte, 10 × vergrößert

Habitus großer Baum; Stamm gerade aufsteigend, Äste breit ausladend; Zweige lang, zuweilen überhängend; Verzweigung spitzwinklig, um 50–60° (nicht rechtwinklig)! Borke grob rissig; junge Zweige schmutzig braun, anliegend kurz behaart.

Kätzchen 15 mm lang gestielt mit einigen Laubblättchen, Kätzchen lang, schlank zylindrisch, leicht gebogen; männliche Kätzchen 3 bis 5 cm lang, weibliche 2 bis 5 cm lang, nach dem Verblühen stark verlängert.

Tragblatt einfarbig hell, blaßgelb, langgestreckt, Basis und Rand kurzhaarig, vorderer Teil kahl, nicht bärtig; männliches Tragblatt vorn leicht gewölbt, weibliches schmal; Tragblatt nach der Blütezeit abfallend.

Staubfäden an der Basis dicht behaart; Staubbeutel elliptisch, gelb, Pollen gelb.

Fruchtknoten sehr kurz gestielt, fast sitzend, dick, leicht konisch, kahl; Griffel abgesetzt, mittellang; Narbenäste seitwärts gespreizt.

Nektarien männliche Blüte mit 2 Nektarien, das innere breit, gestutzt, das äußere schlank, klein; weibliche Blüte nur mit innerem Nektarium.

Blütezeit Ende April bis Mai, nach Blattaustrieb (etwa 2 Wochen nach *S. fragilis*!).

Blatt Erstblätter schmal lanzettlich, meist beidseitig leicht behaart, später vor allem unterseits mit langen geraden Haaren; normale Sommerblätter schlank lanzettlich, 5 bis 9 cm lang, zugespitzt, Rand feindrüsig gesägt, Drüsen auf der Spitze der Zähne sitzend, beidseitig dicht längsbehaart, weiß-silbern glänzend; Blattstiel 2 bis 5 mm lang, behaart, meist mit 2 Petiolardrüsen; Nebenblätter lanzettlich, nicht immer vorhanden.

Chromosomensatz 2 n = 76 (Blackburn and Harrison, 1924).

Verschiedene Sippen *Salix alba ssp. vitellina* (L.) Arcang. mit leuchtend gelben Zweigen, *fo. pendula* mit überhängenden Zweigen.

Bastard *Salix alba* × *fragilis* in der Schweiz verbreitet (siehe *Salix* × *rubens*).

Standort kollin; in Auenwäldern nahe am Wasser.

Verbreitung Im Flachland, verbreitet.

Signifikante Merkmale Blütentragblatt kurzbehaart, Spitze nicht bärtig!

TAFEL 8

Salix alba. ① männliche und ② weibliche Kätzchen, natürl. Größe; ③ und ④ Details der Kätzchen: Tragblätter ohne Barthaare, 3 × vergrößert; ⑤ Sommerblätter, natürl. Größe, Oberseite (o), Unterseite (u); ⑥ Blattrand mit Drüsen auf der Spitze der Zähne, 5 × vergrößert.

Salix alpina Scopoli 1772
Syn.: *Salix jacquinii* Host 1797
Alpenweide

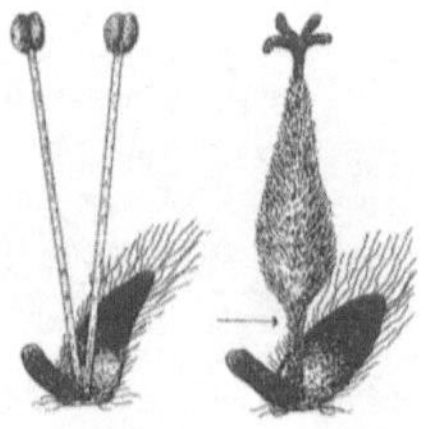

Figur 10
Männliche und weibliche Blüten, 8 × vergrößert

Habitus Sträuchlein niederliegend, ausgebreitet; Äste schwarzbraun, matt; Zweige wurzelnd.

Kätzchen kurzzylindrisch, 15 bis 20 mm lang, Kätzchenstiel spärlich längs behaart mit kleinen Laubblättchen.

Tragblatt zweifarbig, Basis hell, vorderer Teil dunkel purpurn bis schwärzlich, seidenhaarig, Spitze bärtig.

Staubfäden rosa, kahl; Staubbeutel elliptisch, rot, Pollen gelb.

Fruchtknoten deutlich, ziemlich lang gestielt, spindelförmig, hell seidig behaart; Griffel lang, gespalten; 4 gespreizte Narbenäste.

Nektarium 1, lang keulenförmig, purpurn.

Blütezeit Ende Juni bis Juli, mit Blattentfaltung.

Blatt elliptisch, um 15 mm lang, größte Breite in oder wenig über der Mitte, ganzrandig, manchmal mit kleinen Drüsenzähnchen; Rand flach oder wenig umgebogen; Oberseite kahl, lebhaft grün, leicht glänzend, Unterseite zuerst entlang der Mittelachse seidig behaart, Rand leicht bewimpert; Seitennerven an den Enden bogig miteinander verbunden; Blattstiel bis 3 mm lang, spärlich behaart; am Fundort keine Nebenblätter beobachtet.

Chromosomensatz 2 n = 38 (Izmailow, 1980).

Standort Dolomitschutt, kiesig-sandige Alluvionen.

Verbreitung Österreich, Südtirol, Dolomiten, Mte. Tonale; Schweiz bisher ein Fund im Val Müstair-Gebiet.

Signifikanter Unterschied gegenüber *Salix breviserrata:* Fruchtknoten lang gestielt, Blätter ganzrandig, z. T. mit kleinen Drüsenzähnchen, aber der Rand nicht scharf gesägt!

TAFEL 9

Salix alpina. ① Pflanze mit weiblichem Kätzchen, leicht vergrößert; ② wurzelnder Zweig; ③ männliches Kätzchen; ④ Sommerblatt: Oberseite (o), Unterseite (u), 4 × vergrößert.

Salix apennina Skvortsov 1965
Syn.: *Salix nigricans Sm. var. apennina* Borzi 1885
Apenninen-Weide

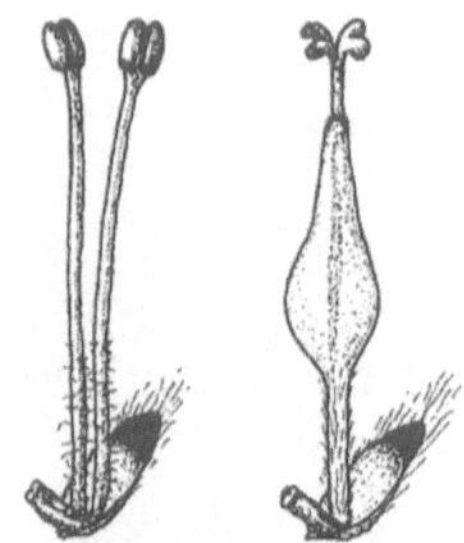
Figur 11
Männliche und weibliche Blüte, 4 × vergrößert

Habitus Strauch 2 bis 4 m hoch, dicht verzweigt (feiner und dichter wie *S. nigricans*); Äste grau oder schwärzlich, jüngere Zweige gelblich-grün, kahl; jüngste Triebe leicht kraus, kurz behaart; entrindetes Holz mit zahlreichen langen, bis 0,5 mm hohen Striemen.

Kätzchen Stiel kurz, stärker behaart als die jüngsten Triebe, am Grund mit kleinen, hinfälligen Blättchen; Kätzchen zylindrisch, männliche 15 mm lang, weibliche 20 bis 30 mm lang.

Tragblatt zweifarbig, Basis hell, gegen die Spitze braun bis schwarz, Spitze bärtig.

Staubfäden 5 bis 7 mm lang, Basis behaart, Staubbeutel gelb, Pollen gelb.

Fruchtknoten Stiel etwa so lang wie das Tragblatt, Fruchtknoten ei-kegelförmig, kahl oder schwach behaart; Griffel leicht abgesetzt, fast so lang wie der Fruchtknotenstiel; Narbenäste gespreizt.

Nektarium 1, gestutzt.

Blütezeit April bis Mai, 5 bis 7 Tage vor Blattaustrieb!

Blatt elliptisch bis verkehrt-eiförmig, kurz oder lang zugespitzt; Sommerblatt 3 bis 7 cm lang, 2 bis 3 (bis 5 mal) so lang wie breit; Blattrand unregelmäßig grob gezähnt, Oberseite dunkelgrün, wenig glänzend, Blattfläche kahl, nur der Mittelnerv kurzborstig; Unterseite hellgrau mit dichtem Wachsbelag, die äußerste Blattspitze nur ganz selten grüner als die Blattfläche; Haupt- und Seitennerven deutlich vorspringend; Mittelnerv im Sommer mit weißen und rotbraunen Haaren!

Chromosomensatz 2 n = 114 (Büchler, 1986).

Standort feuchte Lichtungen in der Waldzone, auf Silikat- und Karbonatgestein; erträgt starke Beschattung.

Verbreitung Italien; Schweiz: nur Südschweiz, Nordhang des Poncione d'Arzo und des Monte Pravello auf 640 bis 720 m ü. M. (Beschreibung nach Büchler).

Signifikante Merkmale Blattunterseite auf dem Mittelnerv weiße und rotbraune Haare; nacktes Holz mit zahlreichen breiten und hohen Striemen.

TAFEL 10

Salix apennina. ① männliche Kätzchen; ② Holz mit langen, oben abgerundeten Striemen; ③ weibliche Kätzchen; ④ Sommerblätter; ⑤ Blattunterseite, vergrößert, weiße und schwarze Haare (in Wirklichkeit rote und weiße Haare).

Salix appendiculata Villars 1789
Syn.: *Salix grandifolia* Seringe
Gebirgsweide, Schluchtweide

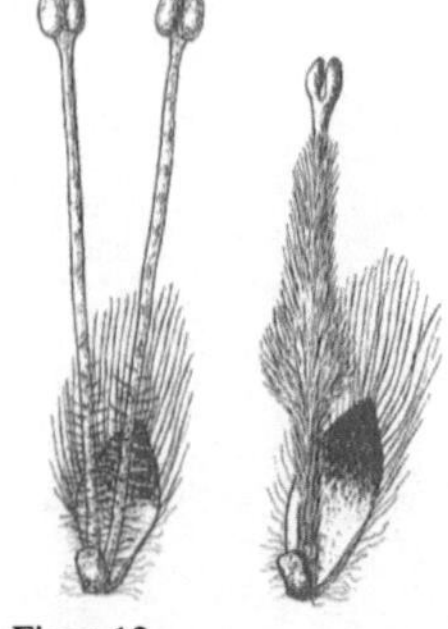

Figur 12
Männliche und weibliche Blüte, 8 × vergrößert

Habitus Hoher Strauch; Äste grau, glatt; jüngere Triebe oliv bis bräunlich, glatt, leicht behaart oder kahl.

Kätzchen 5 mm lang gestielt, Stiel hell behaart mit einigen unterseits seidig behaarten Blättchen; männliches Kätzchen um 15 mm lang, 12 mm Durchmesser; weibliches Kätzchen bis 20 mm lang, 9 mm Durchmesser, nach der Blütezeit verlängert.

Tragblatt deutlich zweifarbig, Basis hell, vorderer Teil dunkelbraun bis schwarz, am Grund kraus, auf der Außenseite dicht behaart, Spitze lang bärtig.

Staubfäden im untern Teil behaart; Staubbeutel länglich elliptisch, gelb, Pollen gelb.

Fruchtknoten lang gestielt, schlank ei-kegelförmig, dicht weiß behaart; Griffel so lang wie die Narbenäste, diese aufrecht, zusammenneigend oder leicht gespreizt.

Nektarium 1, kurz, dick.

Blütezeit April bis Ende Mai, gleichzeitig mit Blattaustrieb.

Blatt Erstblätter an den Triebspitzen büschelig, schmal lanzettlich, dicht seidig-flaumig behaart; Sommerblätter groß, um 12 cm lang, lanzettlich bis verkehrt-eiförmig, größte Breite über der Mitte, am Grund lang keilförmig zusammenlaufend, vorn abgerundet, kurz zugespitzt, Rand meist umgebogen, grob unregelmäßig gesägt bis gezähnt, Oberseite sattgrün, leicht glänzend, das Nervennetz eingesenkt, Unterseite hell bläulich, das dichtmaschige Nervennetz stark vorspringend, borstig behaart (Blatt im Griff rauh!); Blattstiel 1 cm lang, behaart; Nebenblätter groß, meist gut ausgebildet.

Chromosomensatz 2 n = 38 (Büchler, 1986).

Standort Hanglagen und Schluchten im Gebirge, feuchte steinig-buschige Hänge, in den Alpen bis zur Waldgrenze.

Verbreitung Alpen, Jura, fehlt im Kanton Schaffhausen; Schwarzwald.

Signifikante Merkmale Blütezeit mit Blattaustrieb; Blattunterseite mit dichtmaschigem, stark vorspringendem, behaartem Nervennetz; kleinblättrige Sträuchlein in den Alpen, wahrscheinlich durch Vieh- und Wildverbiß verursacht, (*Var. microphylla* Buser); Holz ohne Striemen.

TAFEL 11

1 

2 

3 

Salix appendiculata. ① männliche und ② weibliche Kätzchen, natürl. Größe, Blütezeit mit Ausbruch der Blätter! ③ Sommerblätter, etwas verkleinert, Oberseite (o), Unterseite (u).

Salix aurita Linné 1753
Ohrweide

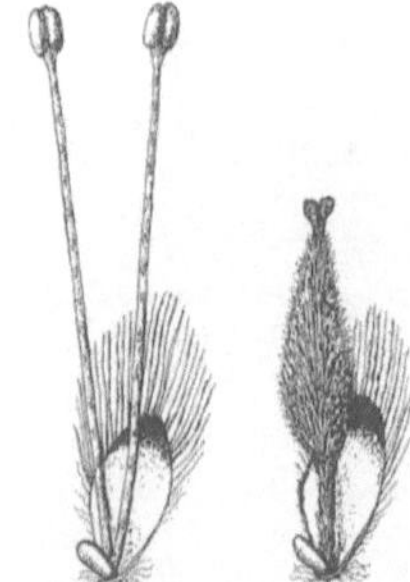
Figur 13
Männliche und weibliche Blüte, 10 × vergrößert

Habitus Strauch 60 cm, seltener bis 3 m hoch, sparrig verzweigt; Äste dunkelbraun oder schwärzlich, kahl, Zweige braun, oft rötlich, meist kurz behaart; das nackte Holz jüngerer Triebe immer mit scharfkantigen Striemen.

Kätzchen sehr kurz gestielt, Stiel dicht flaumig, mit 2 behaarten Blättchen; männliches Kätzchen rundlich bis länglich eiförmig, 12 bis 15 mm lang; weibliches Kätzchen spitz-eiförmig, 12 bis 15 mm lang, nach dem Verblühen verlängert.

Tragblatt zweifarbig, Basis hell, Spitze hellbraun, dicht behaart, langbärtig, Basis kraushaarig.

Staubfäden kahl oder Basis leicht behaart; Staubbeutel elliptisch, rot, Pollen gelb.

Fruchtknoten lang gestielt, spindelförmig, dicht hell behaart; Griffel sehr kurz; Narbenäste kurz, aufgerichtet.

Nektarium 1, keulenförmig.

Blütezeit April bis Mai, vor dem Blattaustrieb.

Blatt Erstblätter unterseits wollig-filzig, später kurz filzig; normales Sommerblatt verkehrt-eiförmig, am Grund keilförmig zusammengezogen, vorn breit abgerundet mit kurzer, schiefer, oft gefalteter Spitze, 15 bis 40 mm lang, Rand unregelmäßig grob gesägt bis ausgebissen gezähnt, wellig, Oberseite trübgrün, runzlig, kahl, Unterseite mit vorspringendem Nervennetz, graugrün, dichtflaumig behaart, selten verkahlend; Blattstiel 5 mm lang, behaart; Nebenblätter meist gut entwickelt, groß.

Chromosomensatz 2 n = 76 (Blackburn and Harrison, 1924).

Standort Riedwiesen, Sümpfe, Torfmoore, feuchte Waldränder; kollin–montan.

Verbreitung ganz Europa; Schweiz: Mittelland, Jura, Voralpen bis 1800 m ü. M. (Hirswängi ob Sörenberg); Vogesen; Süddeutschland; Österreich.

Signifikantes Merkmal nacktes Holz mit Längsstriemen; *Salix aurita* läßt sich in der Regel nicht durch Stecklinge vermehren.

TAFEL 12

Salix aurita. ① männliche und weibliche Kätzchen, natürl. Größe; ② männliche Kätzchen und ③ weibliche Kätzchen, 2 × vergrößert; ④ Sommerblätter; ⑤ Holz mit 1 cm langen Striemen.

Salix babylonica Linné 1753
Salix alba × *babylonica* (*Salix* × *sepulcralis* Simonkai)
Trauerweide

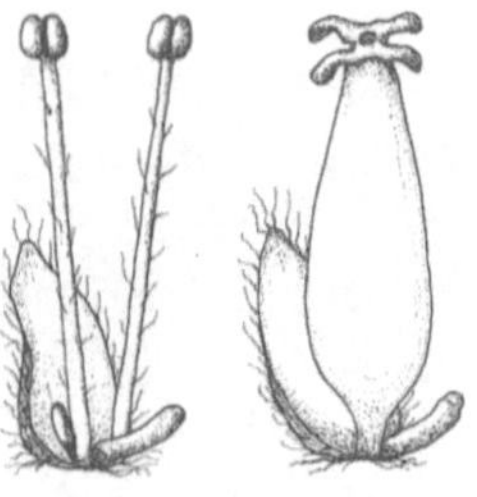

Figur 14
Männliche und weibliche Blüte, ca. 10 × vergrößert

Habitus Baum bis 10 m hoch; Äste breit ausladend; Zweige lang rutenförmig, überhängend, dünn, hellbraun, kahl; jüngste Triebe kurz, fein behaart.

Kätzchen 4 bis 5 cm lang, hängend, oft männliche und weibliche Blüten am gleichen Kätzchen!

Tragblatt einfarbig, hell, Außenseite locker behaart, Spitze nicht bärtig.

Staubfäden locker behaart; Staubbeutel gelb, Pollen gelb.

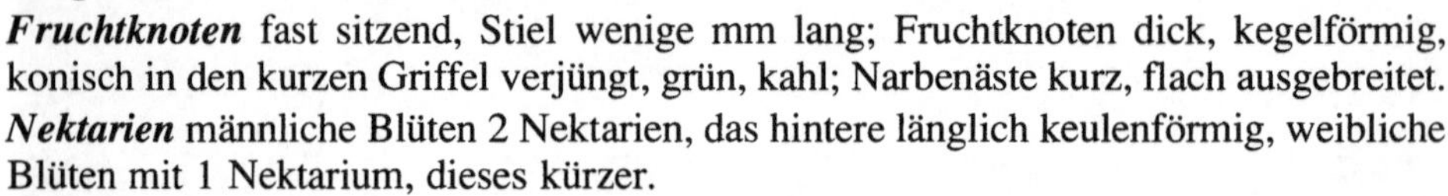

Fruchtknoten fast sitzend, Stiel wenige mm lang; Fruchtknoten dick, kegelförmig, konisch in den kurzen Griffel verjüngt, grün, kahl; Narbenäste kurz, flach ausgebreitet.

Nektarien männliche Blüten 2 Nektarien, das hintere länglich keulenförmig, weibliche Blüten mit 1 Nektarium, dieses kürzer.

Blütezeit April bis Mai, knapp mit Blattaustrieb.

Blatt lanzettlich bis lineal lanzettlich, hängend bis 17 cm lang, 2,5 cm breit, lang zugespitzt, am Grund ebensolang zusammenlaufend, Rand knorpelig gesägt; Oberseite dunkelgrün, Unterseite graugrün, beidseitig kahl; Blattstiel 5 mm lang; Nebenblätter selten.

Chromosomensatz der reinen Spezies 2 n = 76 (Büchler, 1985; Exemplar vom Nepal-Himalaya, Langtang-Tal, 3450 m ü. M.).

Verbreitung des im südlichen Asien beheimateten Baumes bei uns nur als Parkbaum. Um diese Weide bei uns winterhart zu machen, wird sie von Gärtnern mit *Salix alba,* seltener mit *Salix fragilis* gekreuzt.

TAFEL 13

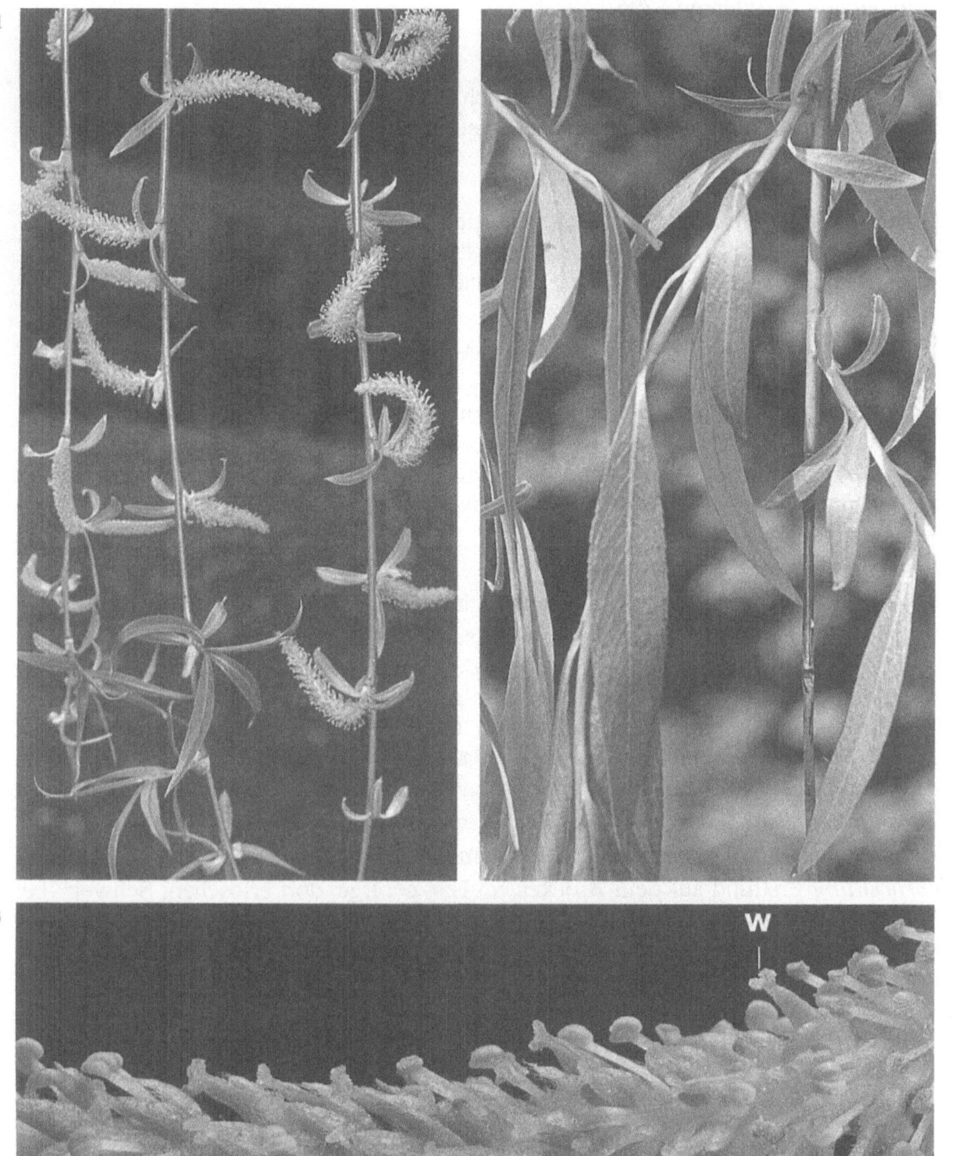

Salix alba × babylonica (Salix × sepulcralis). ① Kätzchen; ② Sommerblätter, beide $\frac{1}{2}$ natürl. Größe; ③ Kätzchen: männliche Blüten (m), weibliche Blüten (w), 4 × vergrößert.

Salix bicolor Willdenow 1796.
Zweifarbige Weide

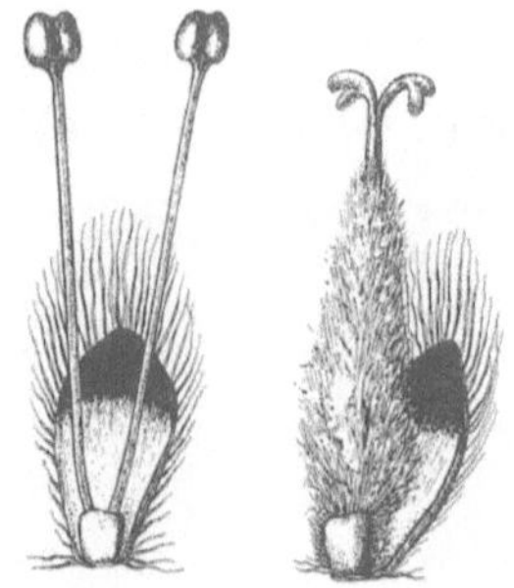

Figur 15
Männliche und weibliche Blüten, 10 × vergrößert

Habitus aufrechter stark verzweigter Strauch, 3 bis 5 m hoch, Äste graubraun, jüngere Triebe gelblichgrün, z.T. rötlich, leicht flaumig. Entrindetes Holz mit 2–3 mm langen Striemen.

Kätzchen 1 bis 1,5 cm lang, weißhaarig gestielt mit kleinen Blättchen. Männliche Kätzchen 2,5 cm lang, weibliche zylindrisch bis 4 cm lang, nach der Blütezeit verlängert.

Tragblatt zweifarbig, Basis hell, weiß behaart, Spitze hellbraun, bärtig.

Staubfäden an der Basis manchmal kurz zusammengewachsen und spärlich behaart, vorderer Teil kahl; Staubbeutel rot, Pollen gelb.

Fruchtknoten so lang gestielt wie die Länge des Nektariums, ei-kegelförmig, dicht weiß-seidig glänzend behaart, später nur wenig verkahlend. Griffel abgesetzt, Narbenäste oft seitwärts geneigt.

Nektarium 1, flach, breit, gestutzt.

Blütezeit Mitte Mai bis Mitte Juni, mit Blattaustrieb.

Blatt Erstblätter elliptisch, Unterseite dicht seidig zur Spitze gerichtet behaart, verkahlend; Sommerblatt um 4 cm lang, verkehrt-eiförmig, gegen den Blattstiel keilförmig zusammenlaufend, Spitze meist zurückgeneigt, ganzrandig oder mit seichten Buchten, selten mit einigen kleinen Drüsenspitzchen, Oberseite dunkelgrün, stark glänzend mit gelbem Mittelnerv, Seitennerven eingesenkt, Unterseite meergrün, matt, Blattnerven vorspringend; Nebenblätter selten, nur an Langtrieben, sehr klein (1 bis 1,5 mm lang)!

Chromosomensatz 2 n = 114 (Büchler; Exemplar aus den Pyrenäen).

Standort Subalpin, Berggebiete; in feuchtem Gelände.

Verbreitung Erstfund auf dem Brocken im Harzgebirge, dort erloschen; Schweiz: bei Andermatt an der Reuss (1430 m): 1980 noch verbreitet, seit einer Überschwemmungskatastrophe und landwirtschaftlicher Übernutzung heute am Erlöschen; Frankreich: Vogesen unterhalb Hohneck; Auvergne in der Gipfelregion der Vulkane (z. B. Puy Mary, 1700 m); Pyrenäen, Karpaten.

Signifikante Merkmale Erstblätter unterseits gestriegelt behaart, Sommerblatt kahl, meist ganzrandig.

Salix bicolor. ① männliches und ② weibliches Kätzchen, natürl. Größe; ③ Holz mit kurzen Striemen; ④ Sommerblätter: Oberseite (o), Unterseite (u), dazwischen Nebenblatt (n) 15 × vergrößert; ⑤ junges Blatt, unterseits gegen die Spitze straff, seidig behaart, vergrößert.

Salix breviserrata Floderus 1940
Syn.: Salix myrsinites ssp. serrata Sch. & Th.
Kurzzähnige Weide, West-Myrtenweide, Mattenweide

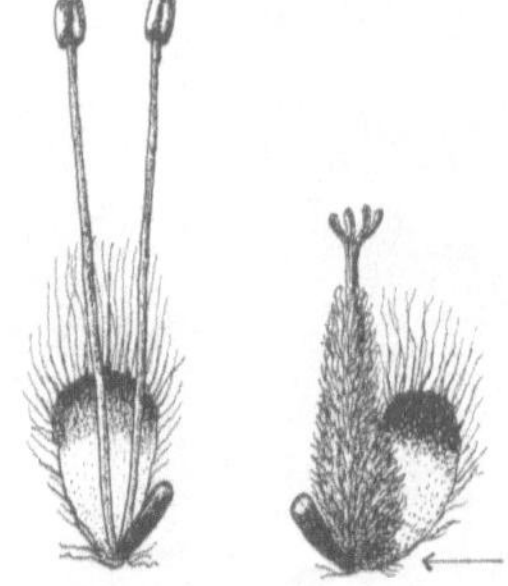
Figur 16
Männliche und weibliche Blüte, 8 × vergrößert

Habitus Sträuchlein meist niederliegend oder wenig, bogig aufgerichtet, ausgebreitet; Äste und Zweige sparrig verzweigt, kurzknotig; jüngste Triebe manchmal leicht behaart; Rinde rötlichbraun, aufreißend, abschilfernd.

Kätzchen 10 bis 12 mm lang gestielt, Stiel struppig behaart, mit kleinen Laubblättchen; männliches Kätzchen kurz zylindrisch, 10 bis 12 mm lang; weibliches Kätzchen 12 bis 15 mm lang, purpurn, nach dem Verblühen leicht verlängert.

Tragblatt zweifarbig, nur an der Basis hell, übriger Teil purpurn bis rötlichbraun, Außenseite mit weißen Seidenhaaren, Spitze bärtig.

Staubfäden lang, kahl, blaßgelb bis blaßrosa; Staubbeutel länglich, rot, Pollen gelb.

Fruchtknoten sitzend, kegelförmig, dicht langseidig behaart; Griffel purpurn; Narbenäste aufwärts gespreizt, purpurn.

Nektarium 1, lang keulenförmig, purpurn.

Blütezeit Ende Juni bis Juli, mit Blattentfaltung.

Blatt elliptisch bis verkehrt-eiförmig, bis 3,5 cm lang, am Grund keilförmig zusammenlaufend, kurz zugespitzt oder stumpf bis ausgerandet, grün glänzend, beidseitig ohne Wachsbelag, Rand drüsig, klein gesägt, flach oder leicht umgebogen, Oberseite mit dünnen, spinnwebig wirren Haaren mehr oder weniger dicht behaart (Lupe!), auch kahl, Unterseite spärlich behaart oder kahl, stark glänzend; Blattstiel 2 mm lang, behaart; Nebenblätter selten vorhanden.

Chromosomensatz 2 n = 38 (Büchler, 1986).

Standort Felsige Hänge, Moränen; vorwiegend auf Kalkschutt und Dolomit.

Verbreitung Endemit der Alpen, vor allem innere Ketten, ostwärts bis Kärnten und Salzburg.

Signifikante Merkmale Blattrand fein gesägt, Oberseite meist spinnwebig wirr behaart, Unterseite oft kahl, glänzend; Zweige rötlichbraun, Rinde aufreißend, abschilfernd; Kätzchen purpurn; Fruchtknoten sitzend (*S. alpina:* Fruchtknoten gestielt)!

TAFEL 15

Salix breviserrata. ① männliche und ② weibliche Kätzchen, leicht vergrößert; ③ Ast aufreißend und abschilfernd; ④ junge, dicht behaarte Erstblätter, 2,5 × vergrößert; ⑤ Sommerblätter, Oberseite (o) dünn behaart, Unterseite (u) kahl glänzend, 2,5 × vergrößert.

Salix caesia Villars 1789
Blaugrüne Weide, Hechtblaue Weide

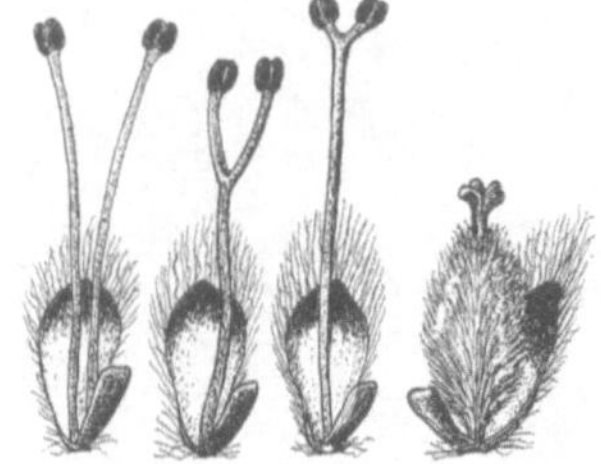
Figur 17
Männliche Blüten, z. T. mit zusammengewachsenen Staubfäden
Weibliche Blüte, 8 × vergrößert

Habitus Strauch 40 bis 70 cm, selten über 1 m hoch, Wuchs aufrecht oder bogig aufsteigend; ältere Äste dunkelgrau, junge Zweige dunkelbraun, kahl.

Kätzchen kurz gestielt; Stiel flaumig mit einigen unterseits behaarten Blättchen; männliches Kätzchen länglich eiförmig, 7 bis 10 mm lang; weibliches Kätzchen kurz zylindrisch, 10 bis 15 mm lang, nach dem Verblühen etwas verlängert.

Tragblatt zweifarbig, Basis hell, Spitze purpurn oder braun, nach der Blütezeit oft ausbleichend (das Tragblatt dann scheinbar einfarbig!); Außenseite und Rand locker behaart, Spitze bärtig.

Staubfäden verschieden hoch, z. T. bis fast zu den Staubbeuteln zusammengewachsen, manchmal auch frei; Staubbeutel vor der Blütezeit rot, blühend dunkel blauviolett, trocken bräunlich.

Fruchtknoten sehr kurz gestielt, länglich eiförmig, dicht hellgrau behaart; Griffel kurz; Narbenäste kurz, schräg aufwärts gespreizt; Frucht verkahlend, violett bis purpurn.

Nektarium 1, flach, gestutzt, lang.

Blütezeit Juni, mit Blattaustrieb.

Blatt elliptisch, 13 bis 30 mm lang, ganzrandig, meist mit kurzem, aufgesetztem Spitzchen, Rand oft leicht umgebogen, beidseitig gleichfarbig bläulichgrün, matt, kahl; Blattstiel 2 mm lang, kahl; keine Nebenblätter.

Chromosomensatz 2 n = 76 (Neumann und Polatschek, 1972).

Standort Bachufer, Quellfluren, feuchte Wiesen.

Verbreitung Schweiz: im Oberengadin, Puschlav, Val Mustair; Österreich: Vorarlberg, Tirol; Südtirol: z. B. bei Rain in Taufers, vor allem in den östlichen inneren Alpenketten, Misurinasee, Dolomiten am Campolungopass.

Signifikante Merkmale Staubfäden meist mehr oder weniger zusammengewachsen; Staubbeutel dunkel blauviolett; Blatt ganzrandig, ellpitisch, kahl, beidseitig blaugrün matt.

TAFEL 16

Salix caesia. ① männliche Kätzchen, 2 × vergrößert, Staubbeutel dunkelblau; ② weibliche Kätzchen, 2 × vergrößert; ③ männliche Kätzchen, natürl. Größe; ④ Sommerblätter, natürl. Größe.

Salix caprea Linné 1753
Salweide

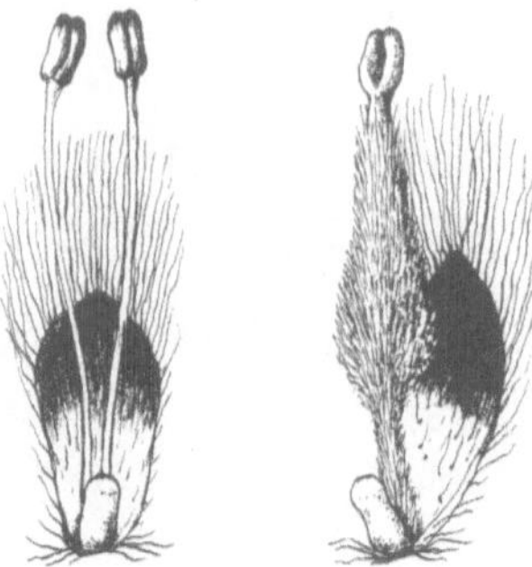

Figur 18
Männliche und weibliche Blüte, 8 × vergrößert

Habitus Baum oder großer Strauch, bis 9 m hoch; Stamm grau, mit reihenweisen rautenförmigen Aufsprüngen; Äste grau, glatt; junge Triebe dick, olivgrün oder rötlich, zuerst kurzhaarig, meist verkahlend; nacktes Holz glatt (ältere Zweige manchmal mit Striemen).

Kätzchen sehr kurz gestielt; Stiel flaumhaarig mit einigen kleinen, stark behaarten, zugespitzten Blättchen; männliches Kätzchen eiförmig, 2 bis 4 cm lang; weibliches Kätzchen länglich eiförmig bis kurz zylindrisch, 2,5 bis 4 cm lang, nach der Blütezeit stark verlängert.

Tragblatt zweifarbig, Basis hell, kraushaarig, Spitze schwarz, dicht behaart, lang bärtig.

Staubfäden kahl; Staubbeutel länglich, gelb, Pollen gelb.

Fruchtknoten lang gestielt, ei-kegelförmig, dicht silberweiß behaart; Griffel kurz; Narbenäste aufgerichtet, oft zusammenneigend.

Nektarium 1, kurz, dick, gestutzt.

Blütezeit März bis April, vor dem Blattaustrieb!

Blatt Erstblatt elliptisch, Unterseite dicht langflaumig; Sommerblatt breit elliptisch bis verkehrt-eiförmig, 5 bis 8 cm lang, 2,5 bis 5 cm breit, am Blattgrund häufig stumpf zusammenlaufend, Spitze meist schief gefaltet, kurz zugespitzt, Rand unregelmäßig, schwach gesägt, manchmal fast ganzrandig, Oberseite lebhaft grün bis oliv, kahl, glänzend, der Hauptnerv leicht vorspringend, kurz behaart, Unterseite dauernd dicht, hell, weich behaart (im Griff weich!); Blattstiel 1 cm lang, behaart; Nebenblätter halbherzförmig bis 1 cm lang, meist vorhanden.

Chromosomensatz 2 n = 38 (Blackburn and Harrison, 1924).

Standort Gebüsche, Schuttplätze, lichte Waldstellen; Flachland bis zur Waldgrenze; verbreitet.

Verbreitung Schweiz: Flachland, Jura, Alpen bis zur Waldgrenze; Süddeutschland und Österreich: von der Ebene bis in die Alpen, häufig.

Signifikante Merkmale Blütezeit vor Blattausbruch; Blatt im Griff weich; Rinde mit rautenförmigen Aufsprüngen. *Salix caprea* läßt sich in der Regel nicht durch Stecklinge vermehren.

TAFEL 17

1 

 2

3 

 4

Salix caprea. ① männliche und ② weibliche Kätzchen, natürl. Größe; ③ Sommerblätter; ④ Stamm mit rautenförmigen Aufbrüchen.

Salix cinerea Linné 1753
Aschgraue Weide, Aschweide, Grauweide

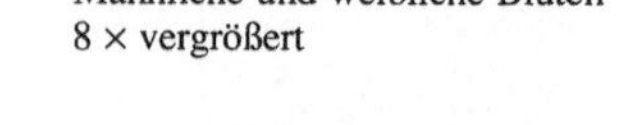

Figur 19
Männliche und weibliche Blüten
8 × vergrößert

Habitus Großer Strauch, 4 m hoch, in die Breite wachsend, oben abgeflacht; Äste glatt, grau, jüngere Triebe zimtbraun, kurz samtig behaart, Holz immer mit deutlichen, 4 cm langen Striemen.

Kätzchen sehr kurz gestielt, zylindrisch, männliches 3 cm, weibliches bis 4 cm lang.

Tragblatt zweifarbig, Basis hell, Spitze braun bis schwarz, dicht behaart, lang bärtig.

Staubfäden an der Basis meist etwas behaart, Staubbeutel meist gelb, Pollen gelb.

Fruchtknoten lang gestielt, spindelförmig, dicht hell behaart; Griffel so lang wie die aufgerichteten Narbenäste.

Nektarium 1, kurz keulenförmig.

Blütezeit März–April, kurz vor Blattaustrieb.

Blatt Erstblätter schmal-lanzettlich, dicht behaart; Sommerblätter elliptisch bis verkehrt eiförmig, länglich, bis 9 cm lang, am Grund stumpf–keilförmig zusammenlaufend, Spitze kurz, zuweilen schief zugespitzt, Rand wellig, unregelmäßig klein, drüsig gesägt oder ganzrandig, Oberseite matt, trüb graugrün, zerstreut kurz grau behaart, Unterseite dicht grau, weich flaumig, Blattnerven stark vorspringend; Nebenblätter gut ausgebildet, nierenförmig.

Chromosomensatz 2 n = 76 (Büchler, 1986).

Standort feuchte Stellen, Sümpfe.

Verbreitung kollin–montan, ganz Mitteleuropa; in den Kalkalpen bis 685 m ü. M.

Verwandte Art: *Salix atrocinerea* Brotero 1804

Habitus Großer Strauch, Blatt bis 7 cm lang, verkehrt eiförmig, fast ganzrandig, Oberseite glatt, Unterseite rot punktiert und die Nerven rostrot behaart (siehe nebenstehende Abbildung).

Verbreitung Frankreich; England; Spanien; Portugal (fehlt in der Schweiz).

TAFEL 18

Salix cinerea. ① männliche und ② weibliche Kätzchen, natürl. Größe; ③ Sommerblätter, Oberseite (o), Unterseite (u) mit 12 Seitennerven; ④ entrindetes Holz mit langen Striemen.

Salix daphnoides Villars 1789
Reifweide

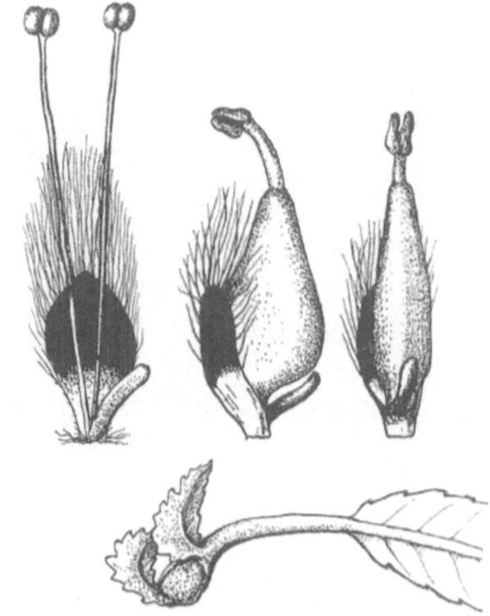

Figur 20
Oben: männliche Blüte, daneben weibliche Blüte seitlich und frontal, 8 × vergrößert – Unten: abgefallenes Blatt eines Langtriebes, Nebenblätter am Blattstiel angewachsen!

Habitus Baum bis 10 m hoch oder Strauch; Borke hellgrau, leicht gelblich, schwach längsrissig; Äste sparrig; jüngere Zweige braun bis purpurn, leicht glänzend, meist mit hellem, blaßblauem, abwischbarem Wachsbelag; Zweige leicht abbrechend.

Kätzchen groß, sitzend, vor der Blütezeit dichtwollige Bällchen, blühend wird der Haarpelz von den langen Staubfäden überragt; männliche Kätzchen bis 4 cm, weibliche bis 3,5 cm lang, dick zylindrisch.

Tragblatt zweifarbig, Basis hell, vorderer Teil dunkelbraun bis schwarz, langbärtig.

Staubfäden sehr lang, kahl; Staubbeutel elliptisch, gelb, Pollen gelb.

Fruchtknoten kurz gestielt, seitlich stark zusammengedrückt, frontal schlank spindelförmig erscheinend, seitlich aus breitem Grund allmählich zum Griffel verjüngt, kahl; Griffel abgesetzt, lang, oft seitwärts nach außen geneigt; Narbenäste nahe beisammen aufgerichtet, gelb.

Nektarium 1, länglich, schmal.

Blütezeit März bis Mai, knapp vor Blattaustrieb.

Blatt Erstblätter verkehrt-eiförmig, leicht behaart, verkahlend; normale Sommerblätter lanzettlich, 4 bis 8 cm lang, am Grund kurz zusammengezogen, lang zugespitzt, Rand flach, regelmäßig drüsig gesägt, Oberseite lebhaft grün, stark glänzend, kahl, Hauptnerv breit, hellgelb bis rötlich, Unterseite etwas heller, bläulichgrün, matt, kahl, der Hauptnerv stark vorspringend; Blattstiel bis 8 mm lang, kahl; Nebenblätter meist nur an Langtrieben, am Grund des Blattstiels angewachsen, mit diesem zusammen abfallend! Blatt nicht duftend.

Chromosomensatz 2 n = 38 (Blackburn and Harrison, 1924).

Standort subalpin, z. T. die Flüsse bis ins Flachland begleitend; häufig von Imkern gepflanzt.

Verbreitung Alpentäler und Alpenvorland.

Signifikante Merkmale jüngere Zweige mit blaßblauem, abwischbarem Wachsbelag; Fruchtknoten seitlich stark zusammengedrückt; Nebenblätter sitzen am Grund der Blattstiele und fallen mit diesen ab.

Salix daphnoides. ① männliche Kätzchen, links Frühstadien; ② weibliche Kätzchen; ③ Sommerblätter; ④ weibliches Kätzchen, sehr groß, seitlich zusammengedrückte Fruchtknoten, 3 × vergrößert.

Salix elaeagnos Scopoli 1772
Syn.: *Salix incana* Schrank
Lavendelweide

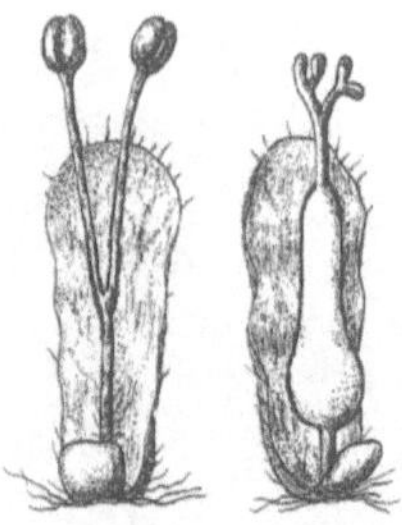

Figur 21
Männliche und weibliche Blüte, 8 × vergrößert

Habitus Strauch oder Baum, selten bis 16 m hoch; Borke waagrecht genarbt (nicht längsrissig); Äste aufgerichtet, gelblichgrau bis rötlichbraun; jüngere Zweige zerstreut flaumig, verkahlend.

Kätzchen kurz gestielt, Stiel behaart, mit grünen, dicht behaarten, schmalen Blättchen; Kätzchen länglich, satt walzenförmig, dichtblütig, bleich gelb bis grünlich, Tragblätter dachziegelartig angedrückt; weibliches Kätzchen 3 bis 5 cm lang, nach der Blütezeit deutlich verlängert; männliches Kätzchen bis 2,5 cm lang, Kätzchen seitwärts-abwärts geboten.

Tragblatt einfarbig, gelb oder grünlich, Spitze zuerst purpurn gesäumt, dünnhäutig, lang zungenförmig vorn abgerundet, Rand zerstreut kraushaarig, sonst fahl kahl; Tragblätter dem Kätzchen angedrückt, nur die Spitze der Staubfäden und die Narbe überragen das Tragblatt.

Staubfäden im unteren Drittel zusammengewachsen, Basis leicht behaart; Staubbeutel elliptisch, gelb, Pollen gelb.

Fruchtknoten deutlich, so lang wie das Nektarium gestielt, ei-kegelförmig, lang, kahl; Griffel abgesetzt, lang; Narbenäste deutlich geteilt, über das Tragblatt hervorragend.

Nektarium 1, flach, breit, gestutzt.

Blütezeit März bis Mai, mit Blattaustrieb.

Blatt Erstblätter ähnlich wie Sommerblätter, aber kleiner, stärker behaart; normale Sommerblätter 12 cm lang, schmal lanzettlich, beide Enden lang zugespitzt, Rand stark umgebogen, kurz behaart oder fast kahl, Mittelnerv stark eingesenkt, Unterseite mit deutlich vorspringendem Hauptnerv, dicht grau- bis weißfilzig; Blattstiel 5 mm lang, anliegend behaart; Nebenblätter sehr klein, selten vorhanden.

Chromosomensatz 2 n = 38 (Neumann und Polatschek, 1972).

Standort Ufergelände, Steinbrüche, Aufschüttungen, Geröllhalden; kollin, montan, subalpin.

Verbreitung Flachland bis in die Alpentäler, subalpine Flußalluvionen.

Signifikante Merkmale Staubfäden mindestens im unteren Drittel zusammengewachsen; Kätzchen waagrecht abstehend bis abwärts gekrümmt, kompakt mit dachziegelartig angedrückten Tragblättern; Blatt schmal lanzettlich, Unterseite dicht graufilzig, matt.

TAFEL 20

Salix elaeagnos. ① männliche und ② weibliche Kätzchen, natürl. Größe; ③ männliches und ④ weibliches Kätzchen, 3 × vergrößert; ⑤ Sommerblätter, Oberseite (o), Unterseite (u).

Salix foetida Schleicher ex De Candolle 1805
Syn.: *Salix arbuscula* L. *ssp. foetida* Braun-Blanquet
Stinkweide (Bäumchenweide)
(Der Name ist irreführend: *S. foetida* duftet balsamisch.)

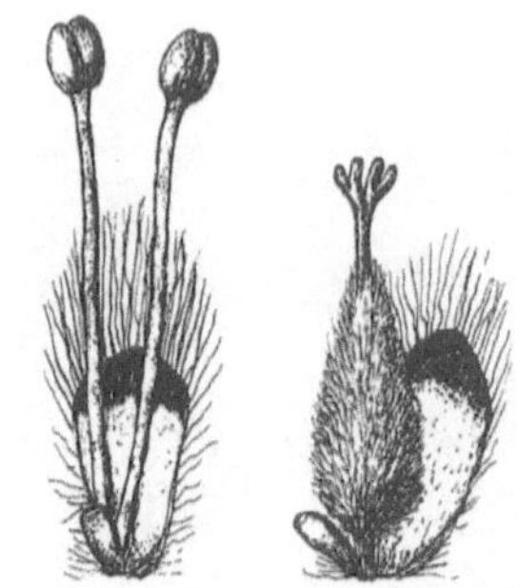

Figur 22
Männliche und weibliche Blüte, 8 × vergrößert

Habitus Strauch meist bogig aufsteigend, ausgebreitete Gebüsche bildend, 60 bis 110 cm hoch; Zweige dicht, kurz sparrig verzweigt, dunkelbraun, knotig; jüngere Triebe rötlichbraun kahl.

Kätzchen kurz gestielt, fast sitzend, Stiel mit kleinen, unterseits seidig behaarten Blättchen; Kätzchen meist gelbgrün, seltener purpurn; männliche Kätzchen länglich eiförmig, 12 bis 15 mm lang, von der Spitze her aufblühend; weibliche Kätzchen länglich eiförmig bis zylindrisch, 10 bis 15 mm lang, nach der Blütezeit wenig verlängert.

Tragblatt zweifarbig, Basis hell, vorderer Teil braun, manchmal purpurn, lang bärtig.

Staubfäden kahl; Staubbeutel rot, Pollen gelb.

Fruchtknoten kurz gestielt, spindelförmig, hellgrau wollig behaart; Griffel lang, gespalten; Narbenäste aufwärts gespreizt, gelb oder purpurn.

Nektarium 1, etwas abgeflacht bis keulenförmig.

Blütezeit Juni bis Juli, mit Blattaustrieb.

Blatt Erstblätter fein gesägt, Drüsen klein, undeutlich, Unterseite lang seidig behaart, verkahlend; Sommerblätter steif, elliptisch, 15 bis 30 mm lang, Rand flach, regelmäßig fein gesägt, auf den Zahnspitzen auffällige, helle Drüsen (trocken dunkel!), Oberseite sattgrün glänzend, Unterseite heller, bläulichgrün, beidseitig kahl; Blattstiel 3 bis 5 mm lang; Nebenblätter sehr klein.

Chromosomensatz 2 n = 38 (Neumann und Polatschek, 1972).

Standort kalkarme Fluß- und Gletscheralluvionen, wasserzügige Hänge.

Verbreitung Innere Alpenketten, z. B. Walliser Südtäler, Lötschental, Gletschboden, Berner Oberland bei Alpiglen, Engadin; Paznaun, Fimbertal; Südtirol im Vinschgau, Sulden.

Signifikante Merkmale elliptische, steife Blättchen, Rand regelmäßig gesägt mit auffälligen hellen Drüsen; Kätzchen gelbgrün oder dunkel purpurn.

TAFEL 21

Salix foetida. ① männliche und ② weibliche Kätzchen, natürl. Größe; ③ Zweig; ④ Früchte und Blätter, natürl. Größe; Blattrand mit Drüsenspitzen!

Salix fragilis Linné 1753
Bruchweide, Knackweide
Die reine Spezies seltener, verbreiteter ist der Bastard von *Salix alba* mit *Salix fragilis* = *Salix* × *rubens* Schrank 1789 (siehe Seite 132)

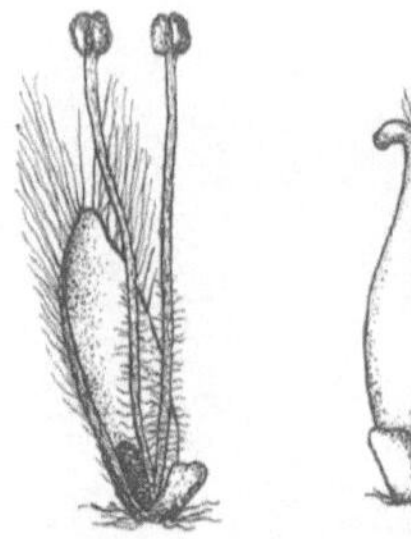

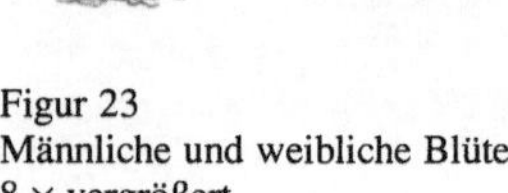

Figur 23
Männliche und weibliche Blüte
8 × vergrößert

Habitus Baum, über 20 m hoch, oft mehrstämmig, an Flußufern; Borke längsrissig, Verzweigung annähernd rechtwinklig, Zweige an ihrer Basis leicht knackend abbrechend; junge Triebe kahl, glänzend, lehmgrau.

Kätzchen 1 cm lang gestielt; männliche Kätzchen um 6 cm lang, walzlich, Tragblatthaare silbern schimmernd; weibliche Kätzchen bis 7 cm lang.

Tragblatt einfarbig hell, häutig, gelb bis grünlich, vor der Blütezeit die Geschlechtsteile überwölbend, Außenseite bis zur Spitze fächerartig bärtig; Tragblatt nach der Blütezeit abfallend.

Staubfäden unterer Teil behaart, Pollen gelb.

Fruchtknoten kurz gestielt, gedrungen spindelförmig, kahl, Griffel kurz, Narbenäste fleischig dick, seitwärts gebogen.

Nektarien 2, männliche Blüten mit breitem innerem und schmalem äußerem Nektarium, weibliche Blüten nur mit innerem Nektarium.

Knospen reine *Salix fragilis* mit äußerer und innerer Knospenschuppe; siehe unten! (Bastard *Salix* × *rubens* **ohne** innere Knospenschuppe (siehe ,,Bastarde").

Laubblätter schmal lanzettlich bis 16 cm lang; reine *Salix fragilis* mit völlig kahler Oberseite, Bastard *Salix* × *rubens* mit sehr kurzer, hellgrauer Behaarung der Oberseite (bessere Unterscheidung siehe Seite 132).

Chromosomensatz 2 n = 76 (Blackburn and Harrison, 1924).

Standort Flußauen, kollin–montan; reine Spezies auf sauren Böden, der Bastard auch auf basischer Unterlage.

Verbreitung reine Spezies selten in größeren Beständen (z. B. Schwarzwald, Wehratal); in der Schweiz mehrheitlich der Bastard!

TAFEL 22

Salix × rubens. ① männliches und ② weibliches Kätzchen, natürl. Größe; ③ männliches und ④ weibliches Kätzchen, vergrößert; *Salix fragilis.* ⑤ Laubblatt, Oberseite kahl; ⑥ äußere Knospenschuppe; ⑦ innere Knospenschuppe; ⑧ Pseudoschuppe; ⑨ erstes Laubblatt grün.

Salix glabra Scopoli 1772
Kahle Weide

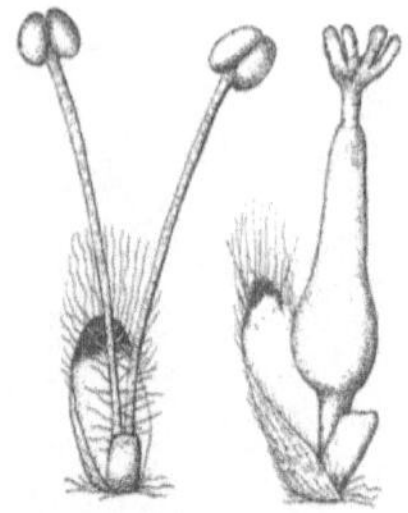

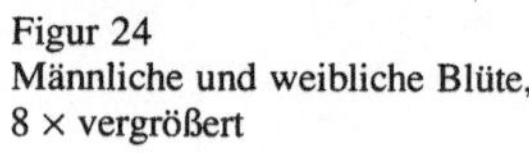
Figur 24
Männliche und weibliche Blüte, 8 × vergrößert

Habitus Strauch 80 bis 150 cm hoch; Äste grau, Zweige rötlichbraun oder grün, kahl; junge Triebe gelblichgrün, kahl; entrindetes Holz mit zerstreuten, kurzen Striemen.

Kätzchen an beblätterten Kurztrieben; Stiel 10 bis 12 mm lang, dünn seidig behaart, mit kleinen Laubblättchen und schuppenförmigen Blütentragblättern; männliches Kätzchen spitz-eiförmig, 18 bis 22 mm lang; weibliches Kätzchen zylindrisch, 30 mm lang, nach der Blütezeit stark verlängert!

Tragblatt einfarbig hell (♀), oder der vordere Teil purpurn bis braun (♂), Außenseite mit hellen kurzen Haaren, Spitze bärtig.

Staubfäden im unteren Teil locker behaart; Staubbeutel kurz elliptisch, rot, Pollen gelb.

Fruchtknoten ungefähr so lang gestielt wie die Länge des Nektariums, groß, ei-kegelförmig, kahl; Griffel etwas kürzer als der Fruchtknotenstiel; Narbenäste schräg aufwärts gerichtet, wenig gespalten.

Nektarium 1, dünn, breit, gestutzt.

Blütezeit Juni, kurz nach Blattaustrieb.

Blatt Erstblätter verkehrt-eiförmig, schmal, Rand regelmäßig gesägt, Oberseite grün, matt, Unterseite zuerst seidenhaarig, frühzeitig verkahlend; normale Sommerblätter lanzettlich bis verkehrt-eiförmig, 7 cm lang, am Grund kurz oder keilförmig zusammenlaufend, zugespitzt, Rand regelmäßig gesägt mit Drüsen auf den Zahnspitzen; ältere Blätter grob buchtig gesägt, wellig, Oberseite sattgrün, lackartig stark glänzend, kahl, Unterseite weißlich matt, mit dichtem Wachsbelag, Haupt- und Seitennerven unterseits vorspringend, kahl; Blattstiel 1 cm lang, kahl; Nebenblätter klein, mit wenigen drüsigen Zähnchen; beim Trocknen wird das Blatt glanzlos und schwärzlich.

Chromosomensatz 2 n = 114 (Büchler, 1985).

Standort steinige Weiden, feuchte Hochstaudenfluren; auf Kalk und Dolomit; hochmontan bis subalpin.

Verbreitung Schweiz: nur im Val Colla, Grenzgrat gegen Italien (Cima dell'Oress, 1700 m ü. M.) 1944 entdeckt; Oberbayern: Allgäuer Alpen; Österreich: ziemlich verbreitet, z. B. am Achensee, Solsteinkette, Garnitzenschlucht; Südtirol: in Vallarsa (310 m).

TAFEL 23

Salix glabra. ① männliche und ② weibliche Kätzchen; ③ entrindetes Holz mit Striemen; ④ Sommerblätter: Oberseite (o), Unterseite (u).

Salix glaucosericea Floderus 1943
Syn.: *S. sericea* Villars, *S. glauca* Linné
var. sericea Trautvetter
Seidenhaarige Weide

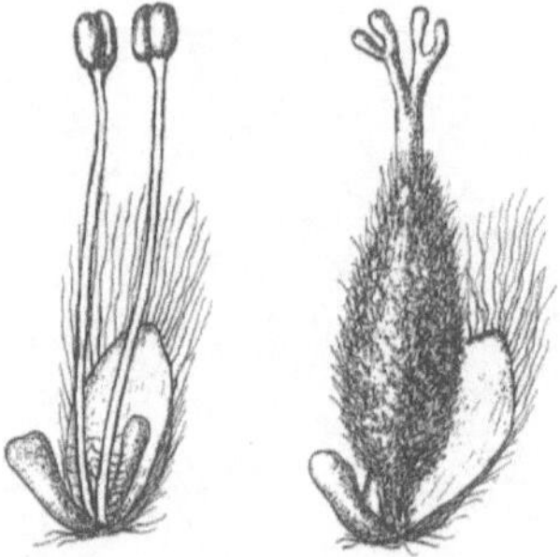

Figur 25
Männliche und weibliche Blüte,
10 × vergrößert

Habitus Strauch niederliegend ausgebreitet oder bogig aufsteigend, selten über 70 cm hoch; ältere Äste hellgrau, jüngere Zweige hellbraun, wenig glänzend, zerstreut behaart; jüngste Triebe flaumig, verkahlend.

Kätzchen 1 bis 2 cm lang gestielt, Stiel zottig, mit einigen schmalen, dicht behaarten Blättchen; männliche Kätzchen 2 cm lang, zylindrisch; weibliche Kätzchen bis 3 cm lang, dichtblütig, weißwollig, nach der Blütezeit verlängert.

Tragblatt einfarbig hell, gelblich oder rosa, Spitze mehr oder weniger purpurn bis bräunlich gesäumt, stark hell behaart, langbärtig (die helle Tragblattspitze durch weiße Haare fast unsichtbar)!

Staubfäden lang, an der Basis behaart; Staubbeutel länglich elliptisch, ockergelb bis orange, Pollen gelb.

Fruchtknoten kurz gestielt, spindelförmig, dicht weiß wollig-filzig behaart; Griffel lang, gespalten; Narbenäste leicht gespreizt, gelb bis orange.

Nektarien männliche Blüte oft mit 2 Nektarien, das äußere schmal; weibliche Blüte nur mit innerem Nektarium.

Blütezeit Juni bis Juli, nach der Blattentfaltung.

Blatt Sommerblatt länglich elliptisch 4–6 cm lang, weich, dick, Rand flach, ganzrandig, Oberseite sattgrün bis oliv, mit längsgerichteten Seidenhaaren bedeckt, Unterseite heller grün, dicht seidig längs behaart; Blattstiel 6 bis 8 mm lang, flaumig; Nebenblätter selten.

Chromosomensatz 2 n = 190 (Büchler, 1986).

Standort auf sonnigen Weiderasen und steinigem Gelände, Nordlagen meidend; subalpin bis alpin.

Verbreitung Schweiz: zerstreut in den Zentralalpen, innere Alpenketten, Walliser Seitentäler, Gletschboden, am Albulapaß, Fextal, Ötztal, Stubaital, Prägraten; Südtirol; Pordoi-Joch.

Signifikante Merkmale *Salix glaucosericea* unterscheidet sich von *Salix helvetica* durch einfarbige, bis zur Spitze helle Tragblätter und bei männlichen Blüten 2 Nektarien; Sommerblätter ganzrandig, beidseitig mit Seidenhaaren längsgekämmt, Unterseite nicht angedrückt weißfilzig!

TAFEL 24

Salix glaucosericea. ① männliche und ② weibliche Kätzchen, natürl. Größe; ③ Sommerblätter, seidig längs behaart.

Salix hastata Linné 1753
Spießweide

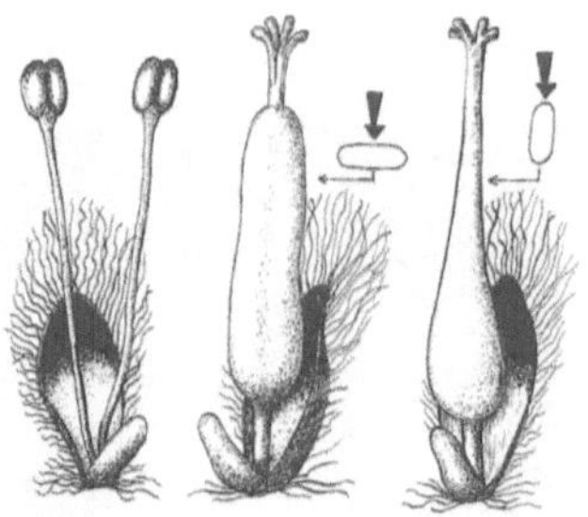

Figur 26
Männliche Blüte, weibliche Blüten seitlich und frontal, 8 × vergrößert

Habitus Strauch bogig aufsteigend oder aufrecht, selten bis 1,5 m hoch; Äste graubraun, kahl, stark verzweigt, jüngere Zweige braun oder rötlich, kurz knotig; jüngste Triebe grünlich, manchmal flaumig behaart.

Kätzchen gestielt, Stiel meist spärlich grauflaumig mit einigen kahlen oder behaarten Blättchen; Kätzchen zur Blütezeit dicht hellgrau behaart! Männliches Kätzchen 3 bis 4 cm lang; weibliches bis 5 cm, zylindrisch, nach dem Verblühen verlängert.

Tragblatt zweifarbig, Basis hell, dicht kraushaarig, vorderer Teil schwarz, lang bärtig.

Staubfäden kahl; Staubbeutel länglich elliptisch, rötlich, Pollen gelb.

Fruchtknoten deutlich gestielt, kahl, seitlich zusammengedrückt, frontal schlank spindelförmig, von der Seite gesehen in ganzer Länge fast gleich breit; Griffel abgesetzt, meist gespalten; Narbenäste ziemlich kurz, schräg aufwärts gespreizt.

Nektarium 1, länglich keulenförmig.

Blütezeit Juni bis Juli, mit Blattaustrieb.

Blatt Erstblätter verkehrt-eiförmig, hellgrün, von Anfang an kahl oder zuerst oberseits lang grau zottig, verkahlend; normale Sommerblätter sehr verschieden, von elliptisch bis verkehrt-eiförmig, bis 7 cm lang, am Grund keilförmig bis herzförmig, zugespitzt oder stumpf, Rand immer unregelmäßig, nie bis zur Spitze gesägt, Oberseite graugrün matt bis sattgrün glänzend (getrocknet immer matt!), Unterseite graugrün, je nach Dichte der Kutinisierung das völlig flache, feine Nervennetz mehr oder weniger deutlich dunkel sichtbar, nur Haupt- und Seitennerven vorspringend; Struktur des Blattes dünn, nachgiebig-weich, beidseitig kahl (Spätsommerblatt steifer!); Blattstiel 5 bis 10 mm lang, kahl; Nebenblätter meist gut ausgebildet, bei kleinblättrigen Exemplaren oft fehlend.

Chromosomensatz 2 n = 38 (Büchler, 1985).

Standort subalpine Hochstaudengebüsche; feuchte, meist kalkhaltige Böden, oft zusammen mit *Alnus viridis*.

Verbreitung Schweiz: Alpen, im Wallis bis 2400 m ü. M., Jura am Creux du Van; in Oberbayern und Österreich verbreitet.

2 Sippen

var. vegeta Andersson. Erstblätter oberseits grau zottig behaart, verkahlend, Sommer blatt matt grün, Unterseite schwach kutinisiert, das feine Nervennetz deutlich sichtbar.

var. alpestris Andersson. Erstblätter von Anfang an kahl, Sommerblatt oberseits sattgrün glänzend, Unterseite oft mit dichter Kutikula, das feine Nervennetz deshalb manchmal undeutlich sichtbar.

Signifikante Merkmale Kätzchen sehr dicht hell behaart; Sommerblatt nicht bis zur Spitze gesägt, Unterseite mit völlig flachem, dunklem, feinem Nervennetz; Fruchtknoten seitlich zusammengedrückt.

TAFEL 25

Salix hastata. ① männliche und ② weibliche Kätzchen; ③ Blätter (Unterseiten mit feinem, flachem Nervennetz); ④ weibliche Blüten, seitlich zusammengedrückt! (stark vergrößert).

Salix × hegetschweileri
Bastard von *Salix bicolor* mit *Salix nigricans ssp. alpicola* Lautenschlager 1993
Syn.: *Salix hegetschweileri* Heer 1840

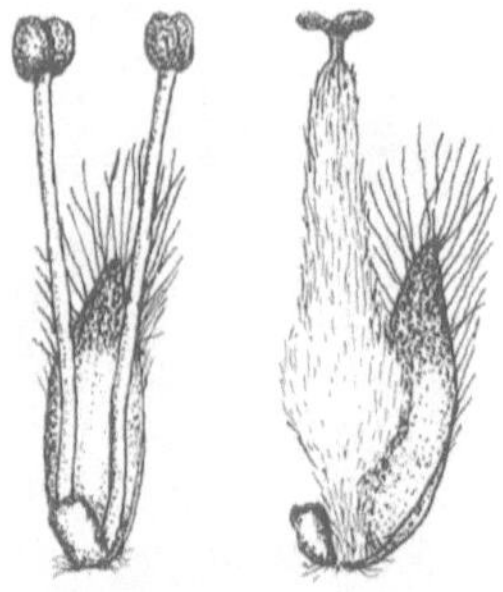
Figur 27
Männliche und weibliche Blüte 8 × vergrößert

Heer fand diese Weide im schweizerischen Urserental, seither ist *Salix × hegetschweileri* umstritten! 1992 konnte Lautenschlager die Form *Salix hegetschweileri* durch Kreuzungsversuche als Bastard der *Salix bicolor* mit *Salix nigricans ssp. alpicola* nachweisen.
Im einzigen größeren Bestand dieser Weide bei Realp im Urserental findet man Kätzchenblüten, bedeutender aber ist ihre vegetative Verbreitung; die weitgehend uniformen Nachkommen könnten als Klon aufgefaßt werden; dies führte wahrscheinlich dazu, daß *Salix × hegetschweileri* bisher als eigene Spezies betrachtet wurde!

Fundorte *locus classicus* ist ein Auenwald an der Reuss unterhalb Realp, 1500 m ü. M.; der bisher bedeutendste, größte Bestand dieser Weide. In der Schweiz sind außerdem nur wenige kleine Einzelfunde bekannt geworden im Göschenertal, sowie auf dem Gletschboden im Alluvion der jungen Rhône.
Signifikante Merkmale die meist dicht verzweigten Sträucher sind zäh und widerstandsfähig. Sie vermögen ihre Bastardeltern oft zu verdrängen. Signifikante Merkmale sind wenig deutlich: mit vagen Vergleichen „ähnlich wie . . .“ sind sie von ihren verwandten Spezies schwierig zu unterscheiden!
Blattformen des Bastardes und seiner Eltern sind im Kapitel „Bestimmungen von Bastarden“ auf Seite 128 ff vergleichend zusammengefaßt.

TAFEL 26

Bastard Salix × hegetschweileri. ① männliche und ② weibliche Kätzchen (Fruchtknoten behaart!); ③ Sommerblätter, Oberseite (o), Unterseite (u).

Salix helvetica Villars 1789
Schweizer Weide

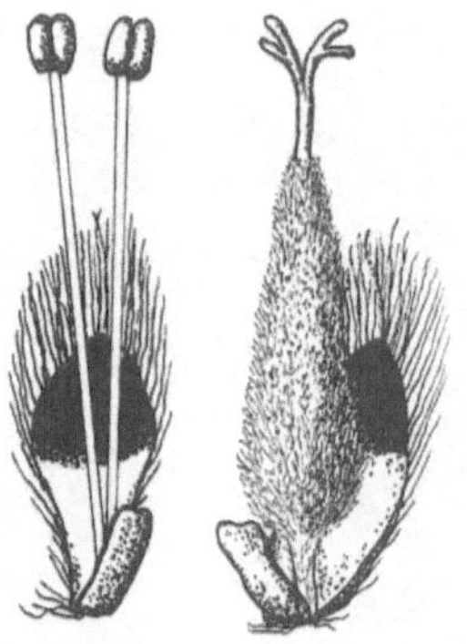

Figur 28
Männliche und weibliche Blüte, 10 m vergrößert

Habitus Aufrechter Strauch bis 80 cm, selten höher, manchmal ausgebreitet; Äste dick, knotig, hellbraun, leicht glänzend, kahl; jüngste Triebe zerstreut kurz flaumig.

Kätzchen bis 1 cm lang gestielt, Stiel seidig behaart mit schmalen, behaarten Blättchen. Männliches Kätzchen kurz zylindrisch bis 25 cm lang, weibliches Kätzchen dicht weiß behaart, 18 bis 25 cm lang, nach der Blütezeit stark verlängert.

Tragblatt deutlich zweifarbig: Basis hell, vorderer Teil schwarz, hell behaart, bärtig.

Staubfäden kahl, Staubbeutel kurz elliptisch, rot, Pollen gelb.

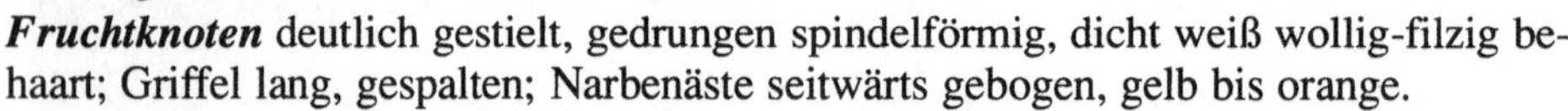

Fruchtknoten deutlich gestielt, gedrungen spindelförmig, dicht weiß wollig-filzig behaart; Griffel lang, gespalten; Narbenäste seitwärts gebogen, gelb bis orange.

Nektarium 1, flach, gestutzt.

Blütezeit Juni bis Juli, mit Blattaustrieb.

Blatt Erstblätter zur Blütezeit unterseits dicht langseidig behaart, glänzend; Sommerblätter elliptisch, größte Breite etwas über der Mitte, 4 bis 5 cm lang, am Grund keilförmig zusammenlaufend, kurz zugespitzt, Rand leicht nach unten gebogen mit zerstreuten Drüsenzähnchen; Oberseite meist sattgrün glänzend, leicht genarbt, seltener blaugrün flaumig, Unterseite angedrückt weißfilzig; Blattstiel 5 bis 10 mm lang, flaumig, verkahlend; Nebenblätter klein, oft fehlend.

Chromosomensatz 2 n = 38 (Büchler, 1985).

Standort Alpen auf Silikatgestein; meist über 2000 m Höhe, feuchte steinige Rasen, nordexponierte Blockschutthänge, Gletschervorfelder.

Verbreitung Schweiz: innere Alpenketten, vorwiegend Wallis, Gotthard, Graubünden; Italien: Alpen; Österreich: Stubaital, Zwieselbachtal, Ötztal.

Signifikante Merkmale Äste dick, knotig, hellbraun, leicht glänzend, kahl; Erstblätter zuerst dicht langseidig behaart; Sommerblätter elliptisch, größte Breite leicht über der Mitte, Oberseite grün glänzend, kahl oder leicht kurz behaart, Unterseite anliegend hell flaumig; Zentralalpen über 2000 m, auf Granit; unterscheidet sich deutlich von den beidseitig weiß behaarten Blättern der *Salix lapponum*!

TAFEL 27

Salix helvetica. ① männliches und ② weibliches Kätzchen, leicht vergrößert; ③ Erstblätter seidig behaart; ④ Sommerblätter: Oberseite (o), Unterseite (u).

Salix laggeri Wimmer 1854
Syn.: *Salix albicans* Bonjean ex Seringe 1815
Syn.: *Salix pubescens* Schleicher 1821
Laggers Weide, Flaumweide

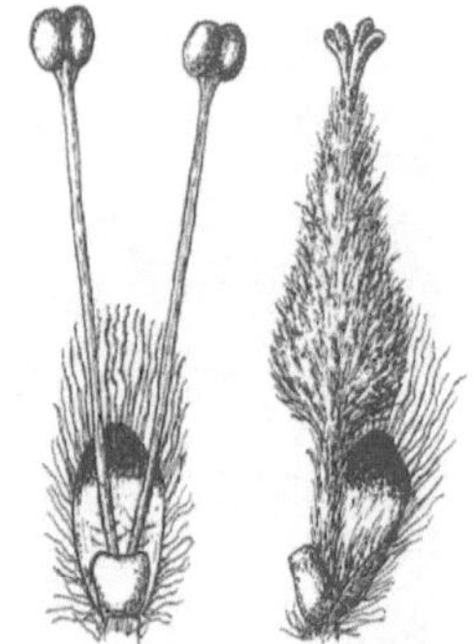

Figur 29
Männliche und weibliche Blüte, 8 × vergrößert

Habitus Strauch in der Waldregion bis 3 m hoch, über der Waldgrenze 1 bis 2 m hoch; diesjährige junge Triebe gelblichgrün, dicht weiß behaart, an der Basis auffällig weiß bärtig, zwei- bis vierjährige Äste schwarz oder graubraun, matt, spärlich behaart, kurzknotig; Holz mit Striemen.

Kätzchen 6 mm lang gestielt, Stiel hell zottig mit einigen zarten, meist ganzrandigen, flaumigen Blättchen; männliche Kätzchen eiförmig, 15 mm lang; weibliches Kätzchen zylindrisch, leicht gebogen, dichtblütig, bis 25 mm lang (länger und dichtblütiger als *S. appendiculata*), nach der Blütezeit stark verlängert.

Tragblatt zweifarbig, Basis hell, vorderer Teil dunkelrot, Außenseite hell behaart, Spitze bärtig.

Staubfäden kahl oder Basis leicht behaart; Staubbeutel rundlich, gelb, Pollen gelb.

Fruchtknoten lang gestielt, groß, ei-kegelförmig, dicht zottig behaart; Griffel kurz; Narbenäste kurz, leicht gespreizt, hellgelb.

Nektarium 1, breit, gestutzt.

Blütezeit Juni, mit Blattaustrieb (etwas später als *S. appendiculata*).

Blatt Erstblätter zur Blütezeit an der Triebspitze in dichten, flaumigen Büscheln; Sommerblätter an Langtrieben schlank lanzettlich, 12 cm lang, größte Breite 2,5 cm im vorderen Teil, Rand wellig, leicht gebuchtet oder gezähnt, Oberseite sattgrün, kahl, Unterseite zuerst auf der ganzen Fläche dicht weißwollig, verkahlend, zuletzt nur entlang der Mittelrippe behaart, Haare immer auf der Blattfläche (bei *S. appendiculata* auf den Blattnerven)! Blätter der Kurztriebe verkehrt-eiförmig, vorn abgerundet mit kurzer, meist gefalteter Spitze, gegen den Blattgrund keilförmig zusammenlaufend, um 7 cm lang, Rand feindrüsig, fast ganzrandig, leicht umgebogen, Oberseite zuerst kurz grauflaumig, verkahlend, dann lebhaft grün, glänzend, Unterseite mit stark vorspringenden Blattnerven, dicht hellgrau, weich behaart, das feine, fast flache Nervennetz vom dichten Haarkleid überdeckt; Blattstiel bis 12 mm lang; Nebenblätter an Langtrieben schlank, 5 mm lang; beim Trocknen können die Blätter schwärzlich werden.

Chromosomensatz 2 n = 76 (Büchler, 1985).

Standort lockerer Gehängeschutt; sonnige Lage, oft in windgeschützten Felsnischen, auf feuchten, steinigen sauren Alluvionen und Gletscherböden; 1500 bis 2100 m ü. M.; oft zusammen mit *Salix appendiculata,* mit dieser unfruchtbare Bastarde bildend.

Verbreitung Schweiz: Walliser Seitentäler (Mauvoisin, Zmutt-Tal bei Zermatt, Lötschental, Gletschboden), Waadtland (Mérouet ob Solalex), Graubünden (bei Preda am Albulapaß, Zervreila vor der Staumauer), Engadin (am St. Moritzersee, bei Sils-Maria, am Abfluß des Lagh da Cavloc); Österreich: Vent, Stubai, Sellrain, bei Lisens, Obergurgl.

TAFEL 28

Salix laggeri. ① männliche und ② weibliche Kätzchen, natürl. Größe; ③ Sommerblätter von Langtrieben, Unterseite (u); ④ Blatt von Kurztrieb, Unterseite (u); ⑤ dunkler Zweig mit hellem, diesjährigem Trieb, Basis weißbärtig.

Salix mielichhoferi Sauter 1849
Tauern-Weide

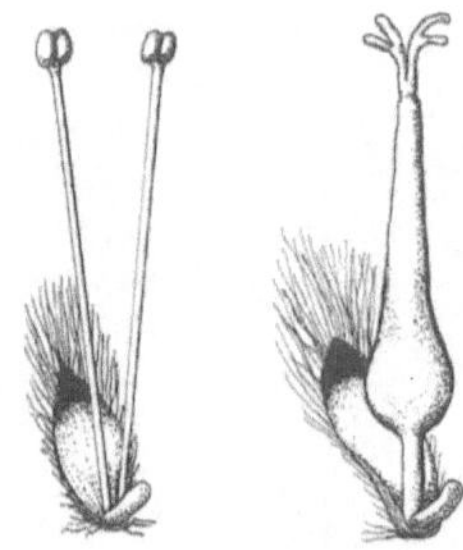

Figur 30
Männliche und weibliche Blüte
ca. 8 × vergrößert

Habitus Strauch bis 2 m hoch werdend, gedrungener Wuchs; junge, diesjährige Triebe gelbgrün bis rot, glänzend, kahl oder spärlich flaumig, letztjährige Zweige ockerbraun oder oliv, kahl, wenig glänzend bis matt; Blattnarben breit vorspringend; Äste mit heller, längsfurchiger Rinde; entrindetes Holz mit zerstreuten 2 bis 5 mm langen Striemen.

Kätzchen kurz gestielt mit einigen kleinen Blättchen; männliche Kätzchen zylindrisch, bis 25 mm lang; weibliche Kätzchen bis 30 mm lang.

Tragblatt zuerst hell mit zerstreuten purpurnen Zellen, später die Spitze braun, hell behaart, langbärtig.

Staubfäden an der Basis leicht behaart; Staubbeutel rot, Pollen gelb.

Fruchtknoten aus kugelförmiger Basis lang verjüngend bis zum Griffel, grün, kahl; Fruchtknotenstiel halb so lang wie das Tragblatt; Griffel wenig abgesetzt; Narbenäste lang gespreizt, gelb.

Nektarium 1, lang keulenförmig.

Blütezeit Mai bis Juni.

Blatt elliptisch bis lanzettlich, vorderer Teil am breitesten, zugespitzt, 4 bis 5 cm lang, steif, Rand buchtig gesägt, Drüsen nach innen gerückt, Oberseite grün, leicht glänzend, zuerst zerstreut behaart, früh verkahlend, Unterseite mit stark vorspringendem, dichtem Nervennetz, grün, leicht glänzend, ohne hellen Wachsbelag! kahl; Blattstiel 5 mm lang, behaart; Nebenblätter an Langtrieben, klein; Blätter an den Zweigenden büschelig gehäuft.

Chromosomensatz 2 n = 152 (Büchler, 1986).

Standort feuchte Gebirgshänge, Bachufer, im Grünerlengebüsch; Ostalpen.

Verbreitung fehlt in der Schweiz; Österreich: Tirol, Salzburg, Steiermark, Kärnten, z. B. Defereggental auf der Brugger Alm, bei Kals, Virgental bei Hinterbichl, Radstätter Tauern, Gurktaler Alpen; Südtiroler Dolomiten: zwischen Arabba und Pordoi-Joch, Campolungopaß, Falzaregopaß.

Signifikante Merkmale Sommerblätter beidseitig grün, Unterseite glänzend, ohne hellen Wachsbelag, Rand grob gesägt; Fruchtknoten aus kugelförmiger Basis sehr schlank verjüngt; entrindetes Holz mit deutlichen, 2 bis 5 mm langen Striemen.

TAFEL 29

Salix mielichhoferi. ① männliche und ② weibliche Kätzchen; natürl. Größe; ③ Holz mit kurzen Striemen; ④ zweijähriger Trieb; ⑤ Sommerblätter, Oberseite (o), ⑥ Unterseite (u), 2 × vergrößert.

Salix myrtilloides Linné 1753
Heidelbeerblättrige Weide

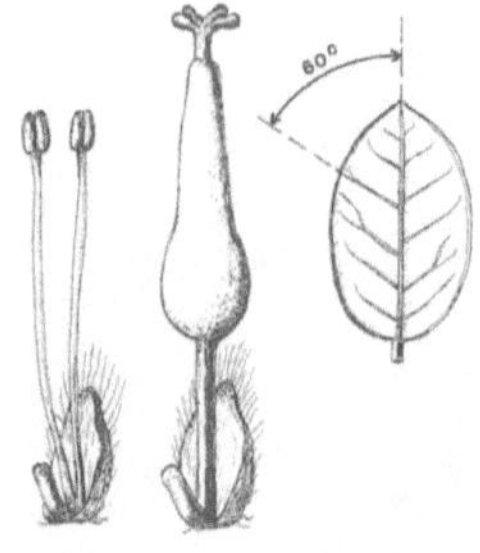

Figur 31
Männliche und weibliche Blüte, 8 × vergrößert; Sommerblatt, natürl. Größe.

Habitus Sträuchlein 20 bis 30 cm hoch, niederliegend bis aufgerichtet; Äste wurzelnd, Zweige dünn, braun.

Kätzchen an Kurztrieben, männliche bis 15 mm lang, weibliche 20 mm lang, schlank.

Tragblatt einfarbig, dünnhäutig, gelblichgrün, meist purpurn gesäumt, spärlich behaart, bärtig.

Staubfäden kahl, Staubbeutel länglich, rot, Pollen gelb.

Fruchtknoten lang gestielt, ei-kegelförmig, sehr lang, kahl; Griffel so lang wie das Nektarium; Narbenäste seitwärts gespreizt, reifende Früchte karminrot.

Nektarium 1, länglich.

Blütezeit Juni bis Juli, mit Blattaustrieb.

Blatt Erstblätter und Spätblätter lang seidig behaart, normale Sommerblätter kahl, elliptisch, um 24 mm lang, 12 mm breit, am Grund abgerundet, vorn kurz zugespitzt, ganzrandig, Oberseite grün, leicht bläulich, Unterseite hell blaugrün mit dichtem Wachsüberzug (Blatt in Form und Farbe ähnlich wie *Vaccinium uliginosum*), Winkel zwischen Haupt- und Seitennerven 60°, keine Nebenblätter.

Chromosomensatz 2 n = 38 (Petrovky and Zhokova, 1983).

Standort Hochmoore: tiefliegende Ränder „Lagg".

Verbreitung Nord- und Osteuropa; westlich bis Südbayern; in der Schweiz von Otmar Buser 1893 entdeckt. Während Jahrzehnten nicht mehr gefunden, erst 1979 von Kreisoberförster Heinz Oberli am alten Ort wieder entdeckt.

Dringender Schutz nötig das wahrscheinlich letzte Sträuchlein in der Schweiz sollte nicht mehr gesucht werden! Es ist leider zur Sensation geworden, daß ganze Schulklassen, Vereine und wissenschaftliche Exkursionen dieser Rarität nachspüren und dabei das empfindliche Riedgras zertrampeln und unbemerkt die darin verborgene Heidelbeerweide zerstören können.

TAFEL 30

1

2

3

Salix myrtilloides. ① männliche und ② weibliche Kätzchen, 2,5 × vergrößert; ③ Triebe mit Sommerblättern.

Salix nigricans Smith 1802
Syn.: *Salix myrsinifolia* Salisbury 1796
Schwarzweide

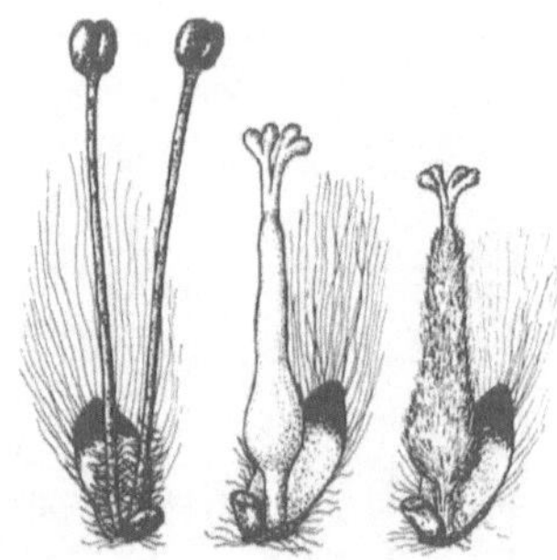
Figur 32
Männliche und weibliche Blüte, 8 × vergrößert

Habitus Strauch dicht verzweigt, 2 bis 4 m hoch, Äste grau bis bräunlich, jüngere Zweige braun bis oliv, kurz borstig behaart, jüngste Triebe oft rötlich, angedrückt kurz (0,2 mm lang) behaart. Entrindetes Holz mit 2 bis 4 mm langen, zerstreuten Striemen.

Kätzchen Stiel kurz grau-flaumig mit 2 bis 3 kleinen, sattgrünen, unterseits behaarten Blättchen; männliches Kätzchen eiförmig, 10 mm lang (mit ausgestreckten Staubfäden bis 17 mm lang); weibliches Kätzchen spitz-eiförmig, 10 bis 12 mm lang, nach der Blütezeit verlängert.

Tragblatt zweifarbig, Basis hell, vorderer Teil braun bis schwarz, hell behaart, Spitze lang bärtig; trocken in ganzer Länge braun.

Staubfäden 5 bis 7 mm lang, Basis behaart, Staubbeutel elliptisch, rot, Pollen gelb.

Fruchtknoten so lang gestielt wie das Nektarium, schlank ei-kegelförmig, kahl; Griffel gespalten; vier Narbenäste.

Nektarium 1, kurz, gestutzt.

Blütezeit April, mit der Blattentfaltung.

Blatt Erstblätter verkehrt-eiförmig, grün, unterseits seidig behaart, Rand fein gesägt; Sommerblätter bis 6 cm lang, variabel: rundlich, elliptisch bis verkehrt-eiförmig, kurz oder lang zugespitzt, Rand flach, bis zur Spitze gekerbt-gesägt, Oberseite dunkelgrün, meist schwach glänzend, zerstreut, vor allem entlang des Mittelnervs behaart, Unterseite grau-grün, matt, mit dichter Kutikula, die äußerste Blattspitze aber in der Regel *grün.* Haupt- und Seitennerven vorspringend, locker borstig; Blattstiel 1 cm lang, dicht behaart; Nebenblätter gut ausgebildet, herzförmig; beim Trocknen werden die Blätter meist schwarz.

Chromosomensatz 2 n = 114 (Büchler, 1985).

Standort feuchte Böden, an Fluß- und Seeufern; kollin–montan, oberhalb 1550 m ü. M. vertreten durch *ssp. alpicola*)!

Verbreitung Schweiz: Mittelland, Jura, Voralpen; Deutschland: Oberbayern bis 1360 m ü. M.; Österreich: bis 1660 m (event. *ssp. alpicola*?).

Signifikantes Merkmal Blattunterseite grau mit grüner Spitze, Blattrand gesägt.

TAFEL 31

Salix nigricans ssp. nigricans. ① männliche und ② weibliche Kätzchen; ③ entrindeter Zweig mit kurzen Striemen; ④ Sommerblätter, Oberseite (o); ⑤ Sommerblatt, Unterseite (u) mit grüner Spitze (dunkel) und mit Nebenblättern; ⑥ borstig behaarter Zweig.

Salix nigricans ssp. alpicola
em. Lautenschlager 1988
Syn.: *Salix nigricans var. alpicola* Buser 1895
Alpen-Schwarzweide

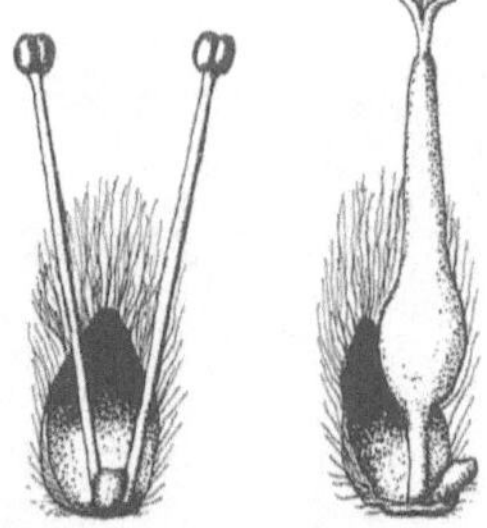

Figur 33
Männliche und weibliche Blüte, ca. 8 × vergrößert

Habitus Strauch bis 2 m hoch; jüngste Triebe zuerst flaumig, verkahlend; Langtriebe rötlichschwarz, fast kahl, glänzend, glatt, mit zerstreuten weißen Korkwarzen; ältere Äste mit dünner, hellgrauer Rinde; Holz mit 2 bis 5 mm langen Striemen.

Kätzchen Stiel dicht behaart, bis 1 cm lang, ähnlich wie *Salix nigricans*, aber etwas kleiner.

Tragblatt zweifarbig, Spitze braun, lang bärtig.

Staubfäden kahl, Staubbeutel rötlich, Pollen gelb.

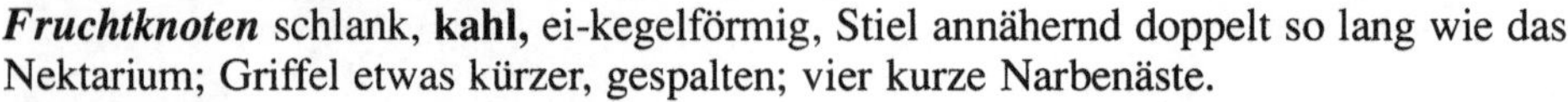

Fruchtknoten schlank, **kahl,** ei-kegelförmig, Stiel annähernd doppelt so lang wie das Nektarium; Griffel etwas kürzer, gespalten; vier kurze Narbenäste.

Nektarium 1, breit, flach, gestutzt.

Blütezeit Juni, mit Blattaustrieb.

Blatt Erstblätter zierlich, kurz verkehrt-eiförmig, Rand drüsig gesägt, beidseitig lebhaft grün, manchmal zuerst rötlich; Sommerblatt variabel: meist breit-elliptisch, kurz zugespitzt, Rand flach, kleinbuchtig gesägt mit Drüsen (Blatt zarter wie *Salix nigricans*), Oberseite sattgrün glänzend, meist kahl, entlang des Mittelnervs leicht behaart, Unterseite meist kahl, matt, mit dichter, hellgrün-grauer Kutikula, die Spitze (besonders an Kurztrieben) deutlich grün! Blattstiel bis 1 cm lang, oberseits rötlich, kurz bewimpert; Nebenblätter fast immer gut ausgebildet, nieren- bis herzförmig, mit Drüsenspitzchen; beim Trocknen werden die Blätter meist schwarz.

Chromosomensatz 2 n = 114 (Büchler, 1985).

Standort subalpine Flußalluvionen, Gletscher-Vorfelder, feuchte Stellen zwischen 1500 bis ca. 2100 m ü. M.

Verbreitung innere Alpenketten: Schweiz; Savoyen; Österreich, Südtirol.

Signifikantes Merkmal gegenüber *ssp. nigricans*: Langtriebe rötlich-schwarz, stark glänzend, fast kahl; Fruchtknoten meist kahl.

Bekannter Bastard *Salix × hegetschweileri* [= *Salix nigricans ssp. alpicola × Salix bicolor*] (Seite 94, 133).

TAFEL 32

Salix nigricans ssp. alpicola. ① männliches und ② weibliches Kätzchen, 2 × vergrößert; ③ Langtrieb kahl, stark glänzend, bräunlich-schwarz, glatt, mit weißen Korkwarzen; ④ Blatt-Unterseiten mit grünen Spitzen (im Bild dunkel); ⑤ nacktes Holz mit Striemen.

Salix pentandra Linné 1753
Lorbeerweide

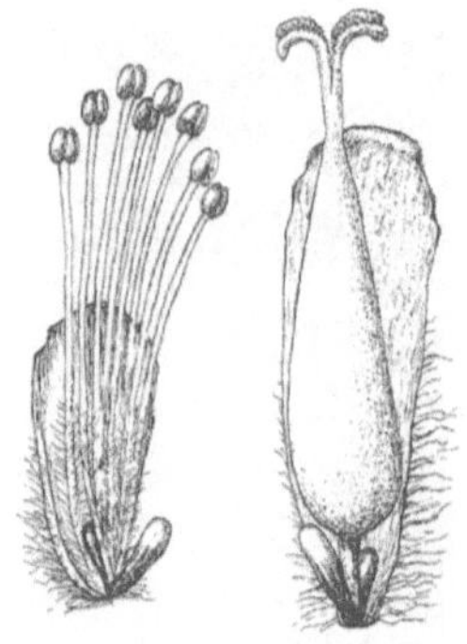

Figur 34
Männliche und weibliche Blüte, 8 × vergrößert

Habitus kleiner Baum, seltener Strauch; Stamm dunkelgrau, Borke grob längsrissig, jüngere Triebe gelb bis rötlichbraun, glänzend, kahl.

Kätzchen spät, nach Blattentfaltung blühend, dann nach Honig duftend; Kätzchenstiel 2 bis 3,5 cm lang, gelb, kurzflaumig, mit einigen kleinen Laubblättchen; männliches Kätzchen zylindrisch, 2,5 cm lang; weibliches Kätzchen schlank, um 2 cm lang, nach der Blütezeit wenig verlängert.

Tragblatt einfarbig, blaßgelb, dünn, bei männlichen Blüten kurz, spitz, kraus behaart, bei weiblichen Blüten lang zungenförmig, bis zum Griffel reichend, nur an der Basis kurz behaart, sonst kahl; nach der Blütezeit abfallend!

Staubfäden selten 4, meist 6 bis 8 (bis 12!), unterer Teil behaart; Staubbeutel rundlich, gelb, Pollen gelb.

Fruchtknoten ziemlich kurz gestielt, lang spindelförmig, schlank in den Griffel verjüngt, kahl, grün; Griffel so lang wie der Fruchtknotenstiel, gespalten; Narbenäste seitlich umgebogen.

Nektarien 2, das innere etwas länger, das äußere kürzer als der Fruchtknotenstiel, keulenförmig.

Blütezeit Juni bis Juli, nach Blattentfaltung, am spätesten blühende Weide der Schweiz!

Blatt Erstblätter verkehrt-eiförmig, Spitze manchmal stumpf, abgerundet, kahl; Sommerblätter lanzettlich, größte Breite in oder über der Mitte, 5 bis 7 cm lang, steif, vom Grund an schlank verbreitert, meist etwas kürzer zugespitzt, Rand regelmäßig fein drüsig gesägt, die Drüsen klebrig, balsamisch duftend! Oberseite zuerst lebhaft grün, später etwas dunkler, stark glänzend, kahl, Unterseite heller, bläulichgrün, kahl; Blattstiel 1 cm lang, kahl, mit 2 bis 5 Drüsenpaaren; Herbstfärbung gelb; beim Trocknen schwärzlich, matt werdend.

Chromosomensatz 2 n = 76 (Blackburn and Harrison, 1924).

Standort feuchtes Gelände in der Nähe von Gewässern; im Gebiet häufig in Berglagen.

Verbreitung Schweiz: vor allem im Engadin; an der Reuss bei Andermatt, Gletschboden; Jura (in den Freibergen); Süddeutschland bis in die Voralpentäler; Österreich: z. B. Ötztal, bei Vent; Hauptverbreitung in Nordeuropa.

Signifikante Merkmale zahlreiche (mehr als 3) Staubblätter; steife, sattgrüne Blätter, Rand mit klebrigen Drüsen, balsamisch duftend; späte Blütezeit.

Salix pentandra. ① männliche und ② weibliches Kätzchen, natürl. Größe; ③ Sommerblätter und fruchtendes Kätzchen, Tragblätter abgefallen.

Salix phylicifolia Linné 1753
Nordische Grünweide (siehe auch Seite 160)
Neufund in den Schweizeralpen Lautenschlager 1987

Figur 35
2 Fruchtknoten mit gemeinsamem Tragblatt

Habitus Strauch bis 1,5 m hoch, dichte Gebüsche bildend, Triebe straff aufrecht, oliv, braun bis rötlich, matt; Äste dunkelbraun, rauh, leicht knotig; Holz mit kurzen, deutlichen Striemen; die Triebspitzen und Kätzchen werden in den Alpen oft von Gemsen abgerauft.

Kätzchen bis 4 cm lang, zylindrisch, mit dicht gepackten Blüten.

Tragblatt zweifarbig, Spitze schwarz, lang bärtig.

Staubfäden kahl, Pollen gelb.

Fruchtknoten lang gestielt, dicht weiß behaart.

Am Fundort abnorme Blüten**:** *je 2 Fruchtknoten* an ihren langen Stielen mit *einem Tragblatt* und einem Nektarium *vereinigt.*

Blütezeit März bis Ende Mai (von der Schneeschmelze abhängig).

Blätter Junges Blatt unterseits zuerst behaart, verkahlend; Sommerblatt lanzettlich, 6 bis 10 cm lang, 2,5 cm breit, selten ganzrandig, meist unregelmäßig drüsig gesägt, oft wellig, Oberseite sattgrün, stark glänzend, kahl, Unterseite heller, glauk, Wachsbelag bis zur Spitze, Blattnerven vorspringend, bis 15 Paar Seitennerven; Nebenblätter nur an den obersten Blattansätzen der Langtriebe.

Standort sonnige feuchte Mulden auf Granitunterlage.

Fundort Schweizeralpen, Grimselgebiet, bei „Sonnig Aar" am Weg zur Lauteraarhütte SAC, 1950 m ü. M.; Abisko, Schweden.

(Nordeuropäische *Salix phylicifolia* siehe Seite 160.)

TAFEL 34

1

2

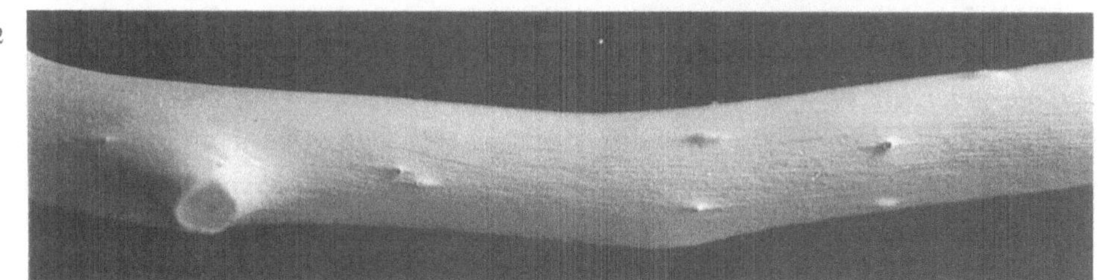

Salix phylicifolio von Abisko, Schweden ① Weibliche Kätzchen, Samenblätter; ② nacktes Holz mit kurzen Striemen.

Salix purpurea Linné 1753
Purpurweide

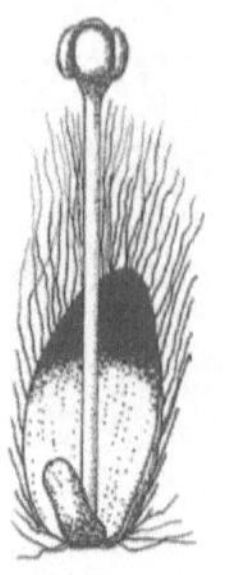

Figur 36
Männliche und weibliche
Blüte, 8 × vergrößert

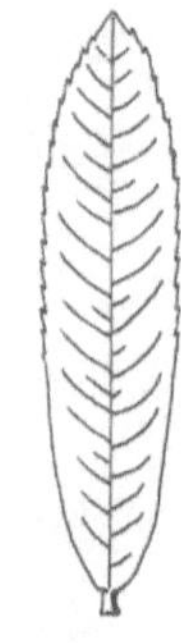

Sommerblätter
① *ssp. purpurea;*
② *ssp. lambertiana*

Habitus Strauch bis 6 m hoch, dicht buschig; Äste aufrecht, Zweige zäh, biegsam, dünn, gelblichbraun oder purpurn, kahl; jüngste Triebe manchmal kurz samtig behaart, verkahlend.

Kätzchen lang, schlank zylindrisch, sitzend, gekrümmt, an der Basis mit einigen schmal lanzettlichen Blättchen; Tragblattspitze, Staubbeutel und Narbe vor der Blütezeit purpurn; männliche Kätzchen 3 bis 5 cm lang; weibliche Kätzchen 2 bis 4 cm lang.

Tragblatt deutlich zweifarbig: Basis hell, vorderer Teil schwarz, lang behaart, bärtig.

Staubfäden in ihrer ganzen Länge zusammengewachsen, kahl; Staubbeutel scheinbar vierfächrig, rot, Pollen gelb.

Fruchtknoten sitzend, gedrungen eiförmig, dicht hell behaart; Griffel sehr kurz; Narbe dem Fruchtknoten fast aufsitzend, kurz zweiästig, gelb.

Nektarium 1, kurz keulenförmig.

Blütezeit März bis April, mit Blattausbruch.

Blatt Erstblätter am Grunde seidig behaart; Sommerblätter schlank lanzettlich, an Langtrieben bis 12 cm lang, an Kurztrieben 4 bis 7 cm lang, größte Breite im vorderen Drittel (12 bis 20 mm), gegen den Blattgrund allmählich zusammenlaufend, vorn kurz zugespitzt, von der Mitte bis zur Spitze fein gesägt, Oberseite bläulichgrün bis lebhaft grün, matt, der Hauptnerv hellgelb, Unterseite heller, graugrün, beidseitig kahl; Blattstiel 2 bis 5 mm lang; keine Nebenblätter; Blattstellung oft gegenständig; beim Trocknen werden die Blätter blauschwarz.

Chromosomensatz 2 n = 38 (Blackburn and Harrison, 1924).

Standort Ufergelände, Gebüsche; in den Alpen nur ausnahmsweise über 1200 m ü. M.

Verbreitung Schweiz, Deutschland und Österreich allgemein verbreitet (kollin bis subalpin), über 1200 m ü. M. meist vertreten durch die *ssp. angustior* (Seite 114)
Subspezies lambertiana Koch: Blatt am Grund breit abgerundet (Figur 36 ②).

Auf sandig-trockenen Böden bildet *Salix purpurea* oft Kümmerformen mit sehr kleinen, schmalen Blättchen. Wimmer (1866) beschrieb derartige Zwergformen auf ariden Böden als *var. gracilis*. Werden solche Kümmerexemplare in bessere Böden versetzt, entwickeln sie sich oft zu normalen Sträuchern. *Ssp. angustior* (Seite 114) ist keine derartige Kümmerform, sondern vertritt eine eigene, subalpine, wohldefinierte Sippe.

TAFEL 35

Salix purpurea purpurea. ① männliche und ② weibliche Kätzchen, natürl. Größe; ③ Sommerblätter; ④ männliche und ⑤ weibliche Kätzchen, vergrößert

Salix purpurea ssp. angustior
Lautenschlager 1987
Syn.: *Salix purpurea var. gracilis* Wimmer 1849
Schmalblättrige Purpurweide

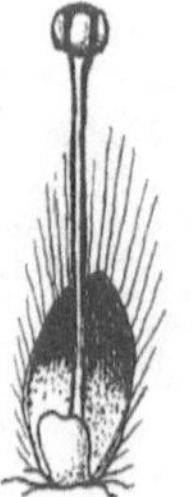

Figur 37
Männliche und weibliche Blüte, 10 × vergrößert

Habitus Strauch aufgerichtet, 3 bis 4 m hoch, Zweige biegsam, kahl, zäh.

Kätzchen 4 mm lang gestielt, männliche 12 bis 25 mm lang, weibliche bis 16 mm lang, dichtblütig.

Tragblatt zweifarbig, behaart, bärtig.

Staubfäden in ganzer Länge zusammengewachsen, Staubbeutel rot, Pollen gelb.

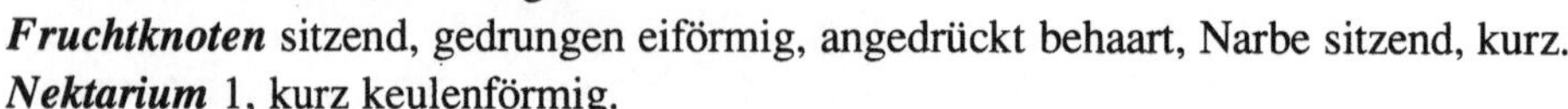

Fruchtknoten sitzend, gedrungen eiförmig, angedrückt behaart, Narbe sitzend, kurz.

Nektarium 1, kurz keulenförmig.

Blütezeit Juni.

Blatt Erstblätter unterseits behaart, verkahlend; Sommerblatt extrem schmal, lineal-lanzettlich, bis 70 mm lang, maximal 8 mm breit (Kurztriebe 35 mm lang), von der Spitze bis zur Mitte klein, scharf gesägt, Oberseite bläulichgrün, Unterseite heller, graugrün, beidseitig kahl, matt; Blattstiel 3 mm lang; keine Nebenblätter; trockene Blätter werden blauschwarz.

Chromosomensatz 2 n = 38 (Favarger 1979).

Standort meist montan bis subalpin, über 1000 m ü. M. in Flußalluvionen und auf Gletschervorfeldern; von M. Zemp im Zentralwallis auch in tieferen extremen Lagen gefunden, z. B. an der Rhône von Salgesch bis Brig, 550 bis 600 m ü. M.

Verbreitung Schweiz; Österreich; Südtirol; Frankreich (z. B. am Mt. Ventoux auf 1200 m ü. M.)!

Bei Umpflanzungen ins Flachland können ihre Merkmale während Jahrzehnten unverändert erhalten bleiben.

Salix purpurea var. gracilis Wimmer ist nach der Beschreibung von Wimmer eine kleinwüchsige Form auf ariden Böden wachsend; es handelt sich nicht um die vorwiegend alpine *ssp. angustior!*

1 

 2

3, 4 

 5

Salix purpurea ssp. angustior. ① männliche und ② weibliche Kätzchen, natürl. Größe; ③ Blatt von *ssp. purpurea* und Blätter von ④ *ssp. angustior* (Größenvergleich); ⑤ Strauch von *ssp. angustior* in den Alpen.

Salix repens Linné 1753
Moorweide

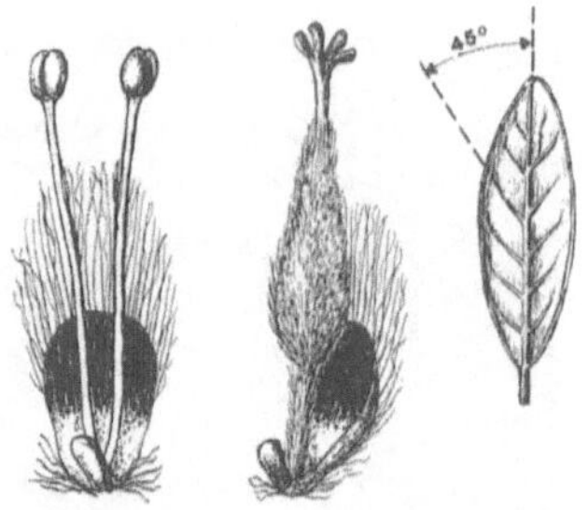

Habitus Äste zum Teil unterirdisch ausgebreitet, Triebe über dem Boden steif aufgerichtet, selten über 80 cm hoch, gelbbraun oder rötlich, kahl, jüngste Triebe kurz flaumig.

Kätzchen eiförmig, grau behaart, männliche 8 bis 10 mm lang, weibliche bis 12 mm lang.

Tragblatt zweifarbig, Basis gelblich, kraushaarig, Spitze braun bis purpurn, kraus- bis straffbärtig.

Staubfäden kahl.

Figur 38
Männliche und weibliche Blüte, 8 × vergrößert

Fruchtknoten langgestielt, schlank spindelförmig, meist behaart, seltener kahl; Griffel etwa gleich lang wie der Fruchtknotenstiel; Narbenäste aufwärts gespreizt.

Nektarium 1, kurz keulenförmig.

Blütezeit April bis Juni, knapp vor Blattaustrieb.

Blatt Erstblätter beiderseits seidenhaarig; Sommerblätter lanzettlich, beide Enden zugespitzt, bis 3 cm lang, 7 bis 10 mm breit, größte Breite in der Mitte, ganzrandig, z. T. mit zerstreuten kleinen Zähnchen, Oberseite sattgrün, kahl, Unterseite mit dichter Kutikula, z. T. seidenhaarig, 5 bis 10 Seitennerven; Nebenblätter selten.

Chromosomensatz 2 n = 38 (Blackburn and Harrison, 1924).

Standort Riedwiesen, Torfmoore.

Verbreitung ganz Mitteleuropa, kollin–montan.

2 verwandte Spezies

Salix rosmarinifolia Linné 1753
Aufrechter Strauch bis 1,5 m hoch oder niederliegend; Blatt ähnlich wie *Salix repens*, aber bedeutend länger, mit 12 oder mehr Paar Seitennerven; Verbreitung kontinental.

Salix arenaria Linné 1753
Dicht verzweigter aufrechter Strauch; Zweige und Blätter hell borstig; Blatt schmalelliptisch mit 5 bis 8 Paar Seitennerven; Verbreitung in den Sanddünen von der Ostsee bis zum Atlantik.

TAFEL 37

Salix repens und Salix arenaria. ①– ④ *Salix repens.* ① männliche und ② weibliche Kätzchen; ③ Riedgräser mit *Salix repens;* ④ Blätter; ⑤ und ⑥ *Salix arenaria.* ⑤ weibliche Kätzchen; ⑥ Blätter, Unterseite hellgrau behaart.

Salix starkeana Willdenow 1806
Syn.: *Salix livida* Wahlenberg 1812
Gelbweide

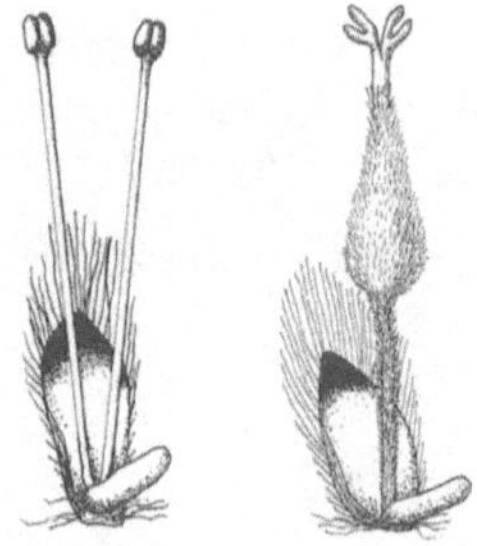
Figur 39
Männliche und weibliche Blüte, 8 × vergrößert

Habitus Strauch niederliegend bis bogig aufsteigend, 50 cm hoch; Zweige rutenförmig, rotbraun, etwas glänzend, mit Aufschürfungen; junge Triebe zuerst flaumig, verkahlend.

Kätzchen an den Triebenden gehäuft, länglich-zylindrisch; männliche Kätzchen um 2,5 cm lang; weibliche Kätzchen bis 3 cm lang, 1 cm lang gestielt; Stiel mit einigen kleinen Laubblättchen.

Tragblatt zweifarbig, Spitze braun, wenig behaart, bärtig.

Staubfäden kahl; Staubbeutel dunkelgelb, Pollen gelb.

Fruchtknoten Stiel sehr lang, Fruchtknoten kegelförmig, dicht hellgrau behaart; Griffel nicht abgesetzt, kurz; Narbenäste seitwärts gespreizt.

Nektarium 1, dünn keulenförmig, gestutzt.

Blütezeit April, Mai.

Blatt breit elliptisch, größte Breite manchmal leicht über der Mitte, kurz zugespitzt, Spitze gefaltet, Rand flach, leicht buchtig, zuerst leicht flaumig, verkahlend, Oberseite kahl, sattgrün glänzend, Unterseite matt bläulichgrün; Blattstiel 5 mm lang, behaart; Nebenblätter halbnierenförmig, grob drüsig.

Chromosomensatz 2 n = 38 (Büchler, 1985).

Standort Riedwiesen, Moore.

Verbreitung Ostpreußen, Rußland, Skandinavien; in Mitteleuropa Eiszeitrelikt in der Irrendorfer Hardt (zwischen Tuttlingen und Sigmaringen); vor der Melioration (1959) im Kummenried beim Dorf Randen, nahe der Schweizer Grenze.

TAFEL 38

Salix starkeana. ① männliche und ② weibliche Kätzchen, natürl. Größe; ③ Triebe mit Sommerblättern, flach ausgebreitet; ④ Sommerblätter leicht vergrößert, Unterseite (u) mit dichter heller Kutikula.

Salix triandra Linné 1753
Syn.: *var. concolor* Koch 1837
Mandelweide

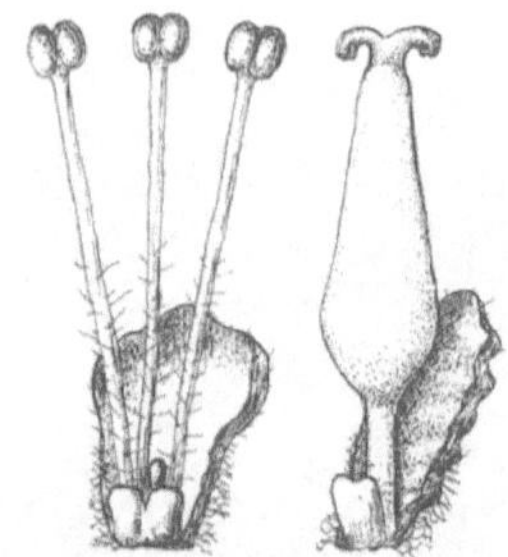

Figur 40
Männliche und weibliche Blüte, 10 × vergrößert

Habitus Strauch, selten kleiner Baum, horstförmige Sträucher im Hochwasserbereich; Zweige oft mit Getreibsel behangen; von der Strömung niedergebogen; Borke älterer Äste löst sich in Fetzen ab, neue Rinde rotbraun; junge Zweige kahl, an der Basis leicht abbrechend.

Kätzchen an den Kurztrieben, bis 2 cm lang gestielt, Stiel spärlich behaart mit einigen kleineren, unterseits behaarten Laubblättern; Kätzchen aufrecht stehend, schlank zylindrisch, lang; männliches Kätzchen bis 40 mm lang, von der Basis aus blühend, leicht konisch; weibliches Kätzchen bis 50 mm lang, sehr schlank, 4 bis 6 mm Durchmesser, fast kahl, grün; Kätzchenachse kurzflaumig.

Tragblatt einfarbig hell, dünnhäutig, wellig, bei männlichen Blüten breit gewölbt, Basis kraushaarig, vorderer Teil kahl, nicht bärtig.

Staubfäden 3, bis zur Hälfte dünn behaart; Staubbeutel kurz eiförmig, gelb, Pollen gelb.

Fruchtknoten ziemlich lang gestielt, gedrungen spindelförmig, kahl, grün; Griffel undeutlich abgesetzt, sehr kurz; Narbenäste seitlich umgebogen.

Nektarien das innere Nektarium beider Geschlechter breit, manchmal gespalten (verdoppelt); männliche Blüten außerdem mit einem kleinen, schmalen, äußeren Nektarium.

Blütezeit Ende April bis Mitte Mai, mit Blattaustrieb.

Blatt Erstblätter ganzrandig, unterseits behaart, bald verkahlend; Folgeblätter am Rand drüsig gesägt; Sommerblätter lanzettlich, 6 bis 10 cm lang, 1,5 bis 2,5 cm breit, am Grund kurz zusammengezogen, Seiten fast parallel, vorn lang zugespitzt, Rand flach, regelmäßig kleindrüsig gesägt, Oberseite sattgrün, leicht glänzend, beidseitig kahl, an der Blattbasis mit 2 stiftförmigen Petiolardrüsen; Blattstiel 1 cm lang, kahl; Nebenblätter nierenförmig, groß.

Chromosomensatz 2 n = 38 (Büchler, 1987).

Standort Flußauen, Altwässer, oft im Hochwasserbereich; kollin–montan.

Verbreitung Schweiz: verstreut, an Bächen und Flüssen, z. T. gepflanzt; Süddeutschland: Bayern; Österreich.

Salix triandra *var. discolor* Koch 1837
Syn.: *Salix villarsiana* Willd.
Mandelweide
Ähnlich *concolor,* aber die Blattunterseite grau-braun bis weißlich, matt, Petiolardrüsen klein, nicht stiftförmig.

Standort am Zusammenfluß von Vorder- und Hinterrhein bei Reichenau, auf Sand- und Kiesbänken (Schweiz); an der Elbe im Norddeutschen Tiefland (M. Zemp).

TAFEL 39

Salix triandra. ① männliche und ② weibliche Kätzchen, natürl. Größe; ③ Stamm mit sich ablösender Borke; ④ Sommerblätter, Oberseite (o), Unterseite (u).

Salix viminalis Linné 1753
Korbweide, Hanfweide

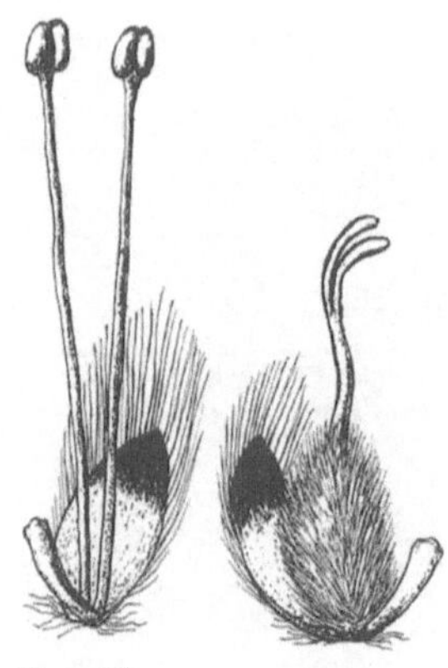

Figur 41
Männliche und weibliche Blüte
8 × vergrößert

Habitus Baum bis 10 m hoch, häufiger Strauch; Stamm und Äste graugrün bis graubraun, glatt oder längsrissig; Zweige gelblich bis rötlich-braun, kahl, leicht abbrechend; jüngste Triebe grünlich, mehr oder weniger kurz, hell behaart.

Kätzchen bis 4 cm lang, Stiel 10 mm lang, dicht behaart mit kleinen Blättchen; männliche und weibliche Kätzchen zylindrisch, am Zweig aufrecht stehend.

Tragblatt zweifarbig, Basis hell, vorderer Teil schwarz, hell behaart, Spitze lang bärtig.

Staubfäden kahl, Staubbeutel länglich, rötlich, Pollen gelb.

Fruchtknoten sitzend, gedrungen, spitz-eiförmig, dicht hell behaart; Griffel sehr lang (bis 5 mm); Narbe lang zweiästig, fadenförmig.

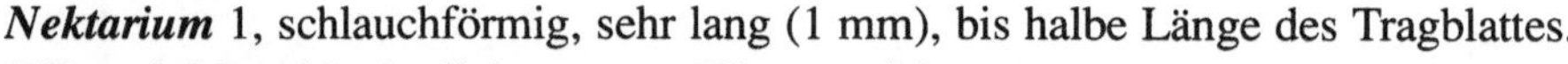

Nektarium 1, schlauchförmig, sehr lang (1 mm), bis halbe Länge des Tragblattes.

Blütezeit März bis April, knapp vor Blattaustrieb.

Blatt Erstblätter schmal lanzettlich, längs behaart, Unterseite noch nicht mit Silberglanz; normales Sommerblatt lineal lanzettlich, beide Enden lang zugespitzt, 15 cm lang, 2,5 cm breit, Rand wellig umgebogen, mit entfernt stehenden, kleinen Drüsenzähnchen, Oberseite sattgrün bis olivgrün, matt oder glänzend, der Hauptnerv eingesenkt, Unterseite mit deutlich vorspringenden Haupt- und Seitennerven, in Richtung der Seitennerven kurze, angedrückte Härchen, metallisch glänzend! Blattstiel 1 cm lang, meist kurz samtig behaart; Nebenblätter klein, nur an Endtrieben.

Chromosomensatz 2 n = 38 (Blackburn and Harrison, 1924).

Standort Ufergelände, Auengebüsche; häufig angepflanzt.

Verbreitung Schweiz: wahrscheinlich zumeist gepflanzt! Deutschland und Österreich: an der Donau und ihren Nebenflüssen (wenige Verbreitungsangaben).

Signifikante Merkmale Nektarium sehr lang, bis halbe Länge des Tragblatts; Griffel und lang gabelförmige Narbenäste bis 5 mm lang; Sommerblätter unterseits metallisch glänzend.

TAFEL 40

Salix viminalis. ① männliche Kätzchen, natürl. Größe; ② Sommerblätter, Oberseite (o) dunkelgrün, Unterseite (u) silberweiß behaart; ③ Staubblätter und Nektarien N, groß; ④ weibliche Blüten mit langen gabelförmigen Narben, natürl. Größe.

Salix waldsteiniana Willdenow 1806
Waldsteins Weide (Ost-Bäumchenweide)

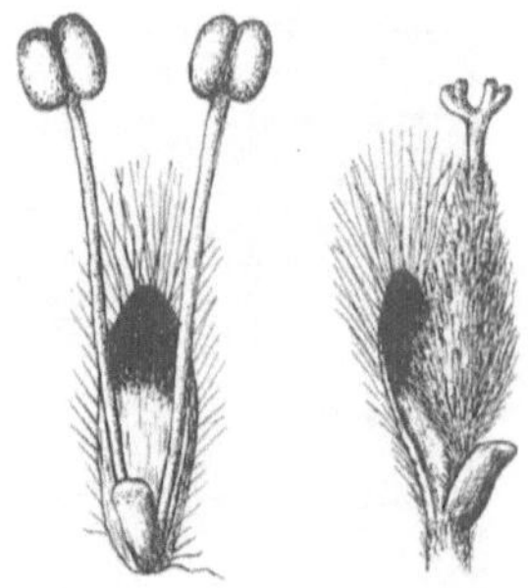
Figur 42
Männliche und weibliche Blüte, 8 × vergrößert

Habitus Strauch um 50 cm hoch, meist dichte Horste bildend; Blätter in Büscheln an den Zweigenden; Äste bräunlich-oliv, glatt, mit zerstreuten Korkwarzen, Zweige olivgrün bis bräunlich, kahl; junge Triebe gelbgrün, an der Basis flaumig-zottig, oberer Teil zerstreut flaumig.

Kätzchen 6 bis 10 mm lang gestielt, Stiel behaart, mit einigen unterseits behaarten, zugespitzten Blättchen und vereinzelten zweifarbigen Tragblättchen; männliche Kätzchen länglich zylindrisch, 25 bis 30 mm lang; weibliche Kätzchen etwa gleich lang, nach der Blütezeit stark verlängert.

Tragblatt zweifarbig, Basis grünlich, vorderer Teil hellbraun; außen straff, hell behaart, Spitze lang bärtig.

Staubfäden kahl; Staubbeutel breitellipitisch, gelb, Pollen gelb.

Fruchtknoten mäßig gestielt, spindelförmig, dicht straff hell behaart; Griffel so lang wie der Fruchtknotenstiel; die beiden Narbenäste oft nur wenig gespalten, aufgerichtet.

Nektarium 1, flach gestutzt.

Blütezeit Mai bis Juni, vor der Blattentfaltung.

Blatt junge Blätter von Kurztrieben elliptisch, ganzrandig, vorne abgerundet, Unterseite zuerst oft flaumig; Langtrieb-Blätter steif, verkehrt-eiförmig, 35 bis 40 mm lang, größte Breite (18 mm) im vorderen Teil, kurz, manchmal schief zugespitzt, Rand flach, unregelmäßig drüsig gesägt, zuweilen fast ganzrandig, ohne Drüsen, Oberseite lebhaft grün, stark glänzend (getrocknet stumpf, matt), Unterseite hell bläulichgrau, mit Wachsbelag bis zur Spitze; Haupt-, Seitennerven und Nerven 3. Ordnung vorspringend, nur das Nervennetz 4. Ordnung flach, grünlich, Seitennerven im Winkel von 60–70° abzweigend, wenig nach vorn gebogen; Blatt beidseitig kahl; Blattstiel 4 mm lang, kahl; Nebenblätter sehr klein, häufig fehlend.

Chromosomenzahl 2 n = 38 (Büchler, 1985).

Standort subalpine Hochstaudengebüsche; basische, kalkreiche Lehmböden.

Verbreitung Schweiz: Voralpen und Alpen östlich des Gotthardpasses (Glarus, St. Gallen, Appenzell, Graubünden); Bayrische Kalkalpen; Österreich: Vorarlberg und zahlreiche subalpine Gebiete (z. B. Ötztal, bei Obergurgl und Vent, Defereggental beim Staller Sattel); Südtirol: bei Rain in Taufers, am Falzaregopaß, bei St. Kassian, am Pordoi-Joch, Sellapaß, am Ritten bei Bozen.

Signifikante Merkmale Blätter der Kurztriebe elliptisch, ganzrandig, 2 cm lang, Langtriebblätter verkehrt-eiförmig, Rand z. T. gesägt, Oberseite lebhaft grün, auffällig glänzend, große und kleine Blätter am Triebende in Büscheln.

1

2

3

Salix waldsteiniana. ① männliche und ② weibliche Kätzchen; ③ Sommerblätter, Oberseite (o), Unterseite (u).

Aus fremden Kontinenten eingeführte Weiden

Verschiedene Weiden sind in Mitteleuropa eingeführt worden. Am verbreitetsten ist wohl die aus dem südlichen Asien stammende Trauerweide (*Salix babylonica*) mit ihren lang überhängenden Zweigen (im Bestimmungsschlüssel eingegliedert).

Salix cordata Amerikanerweide
Im Jahr 1880 wurden männliche Exemplare dieser Weide aus Nordamerika importiert; weibliche Sträucher sind in Europa nicht bekannt. Seither wird *Salix cordata* bei uns nur durch Stecklinge kultiviert.

Der Strauch bleibt niedrig, breitet sich aber im Gelände stark aus. Seine frühzeitig verkahlenden Triebe bilden braune, lange, äußerst zähe und knickfeste Ruten, ähnlich wie *Salix purpurea;* sie eignen sich vorzüglich für Flechtarbeiten. Die Blätter sind am Trieb in regelmäßigen Abständen verteilt, sie werden bis 15 cm lang, lanzettlich, lang zugespitzt, am Grund abgerundet, Rand buchtig gesägt mit Drüsen, diese in die Buchten gerückt, Oberseite lebhaft grün, nur der Hauptnerv behaart, Unterseite bläulichgrün, kahl; Blattstiel 15 mm lang, flaumig; Nebenblätter herzförmig.

Männliche Kätzchen sind schlank zylindrisch, 1 cm lang gestielt, Stiel mit schmalen, spitzen Blättchen; Staubfäden gerade abstehend, ähnlich wie *Salix purpurea,* aber nicht zusammengewachsen.

Salix melanostachys
Der Strauch wird bis zu 1,5 m hoch und ist allseitig sparrig verzweigt. Es wurden nur männliche Sträucher von Japan eingeführt und seither vegetativ vermehrt. Als Zierstrauch besitzt er eine gewisse Attraktivität durch seine auffälligen Kätzchen. Sie blühen vor dem Blattaustrieb und besitzen sehr lange, schwarze Tragblätter. Die Staubfäden sind in ganzer Länge zusammengewachsen wie bei *Salix purpurea.* Die Staubbeutel sind prächtig rot, Pollen gelb; auf dem mattschwarzen Grund der Tragblätter. Die Nektarien sind auffallend lang. Die Blätter sind länglich lanzettlich mit größter Breite über der Mitte; der Rand ist schwach gesägt, Oberseite sattgrün, glänzend, Unterseite mit hellgrauem Wachsbelag; Blattlänge um 7 cm.

1

2

3

4

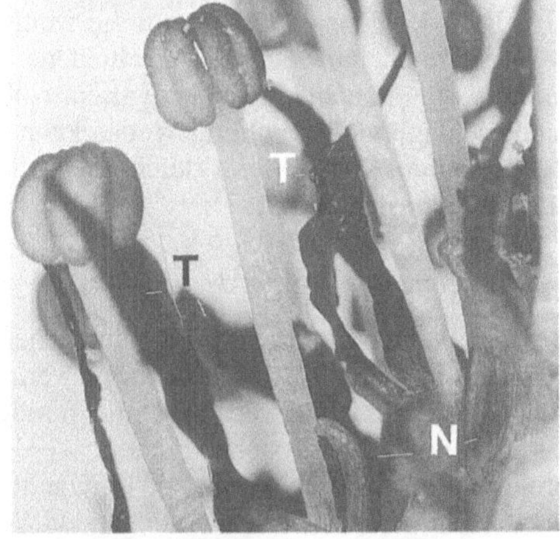

5

Aus fremden Kontinenten eingeführte Weiden

Salix cordata.
① männliche Kätzchen;
② Sommerblätter, halbe Größe.

Salix melanostachys.
③ männliches Kätzchen;
④ schwarze Tragblätter (T), lange Nektarien (N);
⑤ Sommerblätter, Oberseite (o).

Bestimmung von Bastarden

Voraussetzungen zur Bastardbildung

Weidenbastarde entstehen nur zwischen bestimmten Arten. Nicht alle Weiden lassen sich miteinander kreuzen!

In einem einheitlichen, geschlossenen Weidenbestand treten Bastarde selten auf, weil die Pollen übertragenden Insekten von Kätzchen zu Kätzchen fliegen, ohne das ergiebige Blütenfeld zu verlassen, um die weitere Umgebung nach Futter abzusuchen.

In einem Steinbruch, wo verschiedene Weidenarten als Pioniere aufkommen, sind Fremdbestäubungen eher zu erwarten, sofern die Partner gleichzeitig blühen. Kaltes, niederschlagreiches Frühlingswetter kann das Aufblühen früher Arten verzögern, so daß ausnahmsweise Arten gleichzeitig blühen, die normalerweise in der Blüte nicht zusammentreffen würden.

Das Erkennen der Bastarde

Bei den Weiden kommen häufig abweichende Formen vor, ohne daß es sich dabei um Bastarde handelt. Wird eine Hybride vermutet, so müssen alle Anzeichen dafür sehr sorgfältig untersucht werden. Ohne fundierte Artenkenntnisse können solche Kreuzungsprodukte kaum sicher erkannt werden. Eine Weide als Bastard zu bezeichnen, ohne ihre besonderen Merkmale einwandfrei anzusprechen, ist wertlos! Wird ein Bastard vermutet, sollten die umliegenden Weidenspezies als mutmaßliche Eltern überprüft werden.

Bastarde zeigen Merkmale ihrer beiden, verschiedenen Eltern. Verhalten sich die Erbfaktoren intermediär, so sind die Merkmale von beiden Eltern unterscheidbar; häufiger sind dominant-rezessive Erbgänge. Das dominante Merkmal des einen Partners überdeckt die rezessive Eigenschaft des anderen, dadurch ist das betreffende Bastard-Merkmal demjenigen eines der Eltern gleich.

In der Praxis müssen sämtliche Erscheinungsformen der betreffenden Weide genau auf artfremde Merkmale geprüft werden. Ist z. B. der Blattrand von Sommerblättern der *Salix helvetica* regelmäßig gesägt, mit deutlichen, hellen Drüsen auf den Zähnchen, so erkennt man den Bastard von *Salix foetida* × *helvetica* auf den ersten Blick. Solch einfache Fälle sind selten, oft müssen die Merkmale von Kätzchen und Blättern untersucht, also Beobachtungen im Frühling und im Sommer gemacht werden. Ein subalpiner Strauch mit länglich-elliptischen, unterseits behaarten Blättern ließ seine hybride Zusammensetzung erst an den weiblichen Kätzchen im nächsten Frühjahr erkennen: Die breiten, seitlich stark zusammengedrückten Fruchtknoten verrieten *Salix daphnoides,* Strauch und Blätter zeigten Ähnlichkeiten zu *Salix helvetica!*

Manchmal treten bei Bastarden spontane, kleine Triebe mit den Merkmalen des einen oder anderen Kreuzungspartners auf (Tafel 43: am Bastard *Salix* × *smithiana:* einzelne *Salix caprea*-Blätter)!

Wenn eine Weidenbestimmung Schwierigkeiten bereitet, ist man oft allzurasch bereit, sie als Bastard anzusprechen! Kreuzungsprodukte zu erkennen und richtig zu interpretieren, erfordert eine überdurchschnittliche Weidenkenntnis.

Es genügt nicht, daß ein Bastardfund mit einem besonderen Namen bezeichnet wird, wichtiger ist, daß er sorgfältig beschrieben wird! In der Weidenliteratur findet man häufig seitenlange Listen von Hybriden, oft sind es Namenverzeichnisse ohne Angaben ihrer Merkmale.

Einige gut definierbare Weidenbastarde

Salix alba × fragilis (Salix × rubens): Blattoberseite nie ganz kahl; Knospe nur mit äußerer Knospenschuppe und Pseudoschuppe.
Salix aurita × repens: Intermediäre Blattformen.
Salix caprea × viminalis (*Salix × smithiana*): intermediäre Blattformen; keine rautenförmigen Lentizellen am Stamm; läßt sich gut durch Stecklinge vermehren (Gegensatz zu *Salix caprea*).
Salix cinerea × viminalis (*Salix × holosericea*): entrindetes Holz mit langen Striemen; Nektarium und Griffel lang.
Salix foetida × helvetica: Blattrand regelmäßig fein gesägt.
Salix × hegetschweileri (*Salix bicolor × nigricans ssp. alpicola*): dichte Bestände in Alpentälern, selten; Fruchtknoten seidig, dünn behaart; Blatt fast ganzrandig, kahl, Oberseite dunkelgrün, glänzend; kleine Nebenblätter.
Salix purpurea × viminalis (*Salix × helix*): Fruchtknoten sitzend; Nektarium und Griffel lang; Blatt ähnlich wie *Salix purpurea.*

Tripelbastarde

Bastarde, die von drei verschiedenen Weiden gebildet werden:

Salix appendiculata × (Salix foetida × helvetica) Buser 1883, Schweiz.
Salix caprea × Salix cinerea × Salix viminalis Görz 1922, Brandenburg.
Salix aquatica gigantea Klon 56: wird von der Firma „Papierweide SAG 56" als Rohstoff für chemisch-technische Zwecke angeboten. Aus mehreren Spezies zusammengebastelte raschwüchsige Sträucher mit übergroßen Blättern.

Quadrupelbastarde

Vereinzelt wurden aus dem Riesengebirge Bastarde gemeldet, an denen vier verschiedene Spezies beteiligt sind.

Salix aurita × Salix caprea × Salix silesiaca × Salix viminalis: Görz 1928 und andere. In Mitteleuropa wurden sie nie gefunden!

Salix caprea × viminalis (Bastard *Salix × smithiana*).
A. Bastardblätter; B. kleiner Zweig mit *Salix caprea*-Blättern, beide am gleichen Strauch!

Salix caprea × viminalis.
Kätzchen länger als bei *Salix caprea*, Blüten mit langem Griffel und gabeliger Narbe; Blatt ähnlich wie bei *Salix viminalis.*

Salix purpurea × viminalis.
Kätzchen so lang wie bei *Salix purpurea*, Blüten mit langem Griffel und gabeliger Narbe (viminalis!); Blatt ähnlich wie bei *Salix purpurea.*

Bastardformen von *Salix aurita* × *Salix repens*. (Alle vier Exemplare aus dem gleichen Ried.) Weitere Erläuterungen siehe unten.

Reine Eltern:

① *Salix aurita*. Blatt spitz-eiförmig, am Grund zusammengezogen, Rand grob gesägt, Unterseite mit stark vorspringendem Nervennetz; Nebenblätter herzförmig, meist gut entwickelt.

④ *Salix repens*. Blatt lanzettlich, beide Enden zugespitzt, ganzrandig, Unterseite seidenhaarig, verkahlend, mit schwach vorspringenden Seitennerven (nicht netznervig!); keine Nebenblätter.

Bastarde:

② Blatt ähnlich *Salix aurita*, aber fast ganzrandig; Nebenblätter kleiner, schmal.

③ Blatt ähnlich *Salix repens*, aber größer, ganzrandig, schwach netznervig; Nebenblätter vereinzelt, klein.

Verschiedengestaltige Bastardformen können durch Rückkreuzung eines Bastardes mit einer seiner Elternformen entstehen. Voraussetzung ist, daß der Bastard und seine Eltern die gleiche Zahl an Chromosomen aufweisen.
Salix aurita: n = 19, *Salix repens*: n = 19, Bastard: 2 n = 38.

Salix* × *rubens Schrank 1789.
Bastard Salix alba × fragilis.

Salix rubens unterscheidet sich nur undeutlich von der reinen *Salix fragilis:* die Blattoberseite der reinen Spezies ist immer vollständig kahl, diejenige des Bastardes ist hellgrau, sehr kurz, fein behaart (Lupe). Die oft verschiedenartige Zähnung des Blattrandes ist kein Unterscheidungsmerkmal!

Zuverlässig läßt sich der Bastard *Salix rubens* von *Salix fragilis* aufgrund des Baus der Knospen trennen:

Salix alba besitzt nur eine einfache äußere Knospenschuppe, unter dieser entwickeln sich Kätzchen und die grünen Erstblätter.

Salix fragilis enthält unter der äußeren harten Knospenschuppe eine gelb-durchscheinende innere Knospenschuppe, diese ist gekennzeichnet durch mehrere, von der Basis bis zur Spitze durchlaufende Hauptnerven; unter dieser inneren Knospenschuppe findet sich eine Übergangsform zwischen Knospenschuppe und Erstblatt, diese ebenfalls mit durchlaufenden Hauptnerven (sogenannte „Pseudoschuppe"): Innerhalb der hellen, noch nicht grünen Schuppe entwickelt sich das erste grüne Laubblatt mit normalen Haupt- und Seitennerven.

Im Kreuzungsprodukt, dem Bastard, vereinigt sich die Eigenschaft „äußere Knospenschuppe" von *Salix alba* mit der „Pseudoschuppe" von *Salix fragilis* (die innere Knospenschuppe fehlt).

Die derartig zusammengesetzte Knospe ist ein signifikantes, gut erkennbares Merkmal für die Hybride *Salix* × *rubens!*

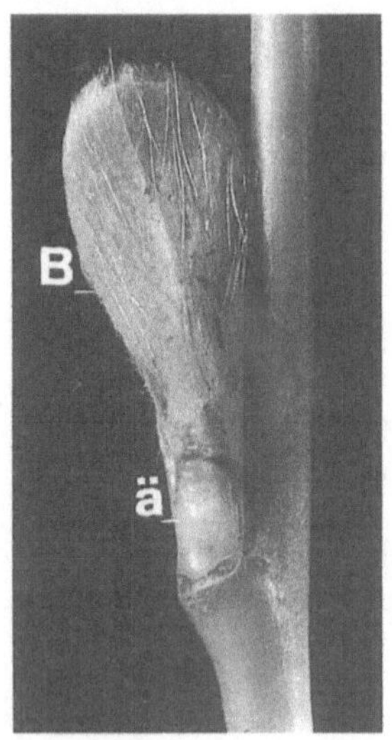

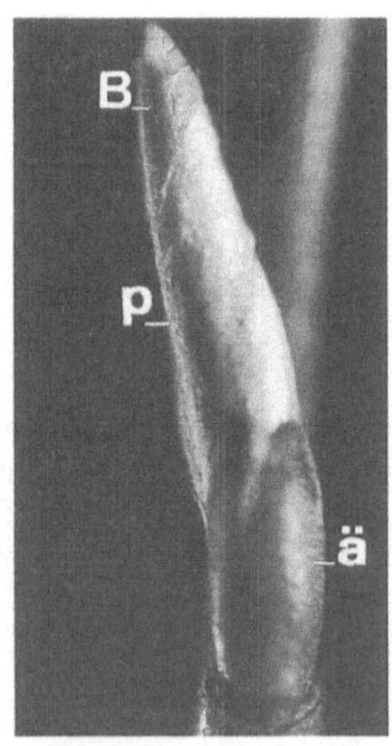

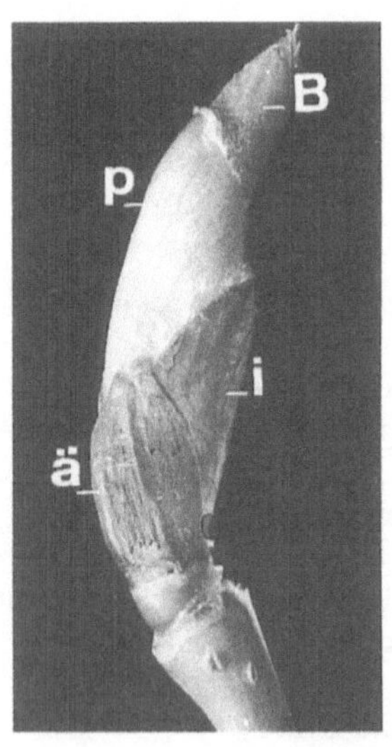

Salix alba Bastard *Salix alba × fragilis* *Salix fragilis*

Knospentypen; äußere Knospenschuppe (ä); innere Knospenschuppe (i); Pseudoschuppe (p); erstes grünes Blatt (B).

***Salix* × *hegetschweileri*:** Vergleiche mit den Blättern von *Salix nigricans ssp. alpicola* und *Salix bicolor*

	nigricans ssp. alpicola (Seite 106)	*hegetschweileri* (Seite 94)	*bicolor* (Seite 70)
Blattform	breitelliptisch 5,5 cm lang 2,4 cm breit	elliptisch 6 cm lang 2,2 cm breit	elliptisch bis verkehrt ei-förmig 7,5 cm lg. 2,7 cm br.
Blattrand	gesägt, an der Blattbasis halbrund ansetzend; kurz zugespitzt	gebuchtet, z. T. einzelne Zähnchen, am Stiel keilförmig ansetzend, kurz zugespitzt	ganzrandig oder buchtig, am Stiel keilförmig ansetzend, Spitze zurückgebogen, kurz zugespitzt
Oberseite	hellgrün, kahl, stark glänzend	dunkelgrün, kahl, glänzend	dunkelgrün, kahl, glänzend
Unterseite	blaßgrün, kahl, matt, Spitze sehr selten grün; meist 9 Seitennerven	blaß, hellgrau-grünlich, kahl, matt, Spitze nie grün	meergrün, kahl, matt, Spitze nie grün; ca. 12 Seitennerven
Blattstiel	leicht behaart	kahl	kahl
Nebenblätter	grün glänzend herzförmig mit Drüsenspitzchen	grün glänzend, klein oft fast ganzrandig	selten, sehr klein, (1 bis 1,5 mm lang), nur an den Triebspitzen
Triebspitze	und Blattstiel leicht behaart	meist bis zur Spitze kahl	kahl

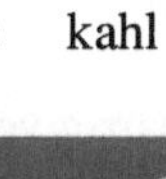

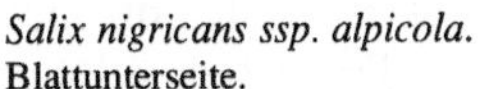

Salix nigricans ssp. alpicola. Blattunterseite.

Bastard *Salix hegetschweileri.* Blattoberseite.

Salix bicolor. Blattunterseite.

Zweige und Knospen im Winter

Zur Winterzeit sind die Weiden schwierig zu unterscheiden. Neben dem Habitus der Sträucher oder Bäume stehen nur Zweige und Knospen mit ihren wenig charakteristischen Merkmalen zur Verfügung. Die Zweige können völlig kahl sein oder kahl mit flaumiger Triebspitze, manchmal sind sie deutlich flaumig bis borstig behaart. Die Knospen unterscheiden sich zunächst durch ihre Größe: Blütenknopsen sind deutlich größer als Blattknopsen. Bei sorgfältiger Beobachtung lassen sich bei den meisten Knospen kleine Unterschiede feststellen: Form und Oberflächenstruktur sind maßgebend, die Farbe der Knospen kann sich im Laufe ihrer Entwicklung ändern.

Die hier abgebildeten Zweige und Knospen von 25 bekannteren Weiden sind zum Vergleich mit frischen Funden bestimmt; Exsikkate sind oft geschrumpft und deshalb nicht mehr zuverlässig ansprechbar.

Ein gutes Erkennungsmerkmal bilden die abgefallenen Blätter in der unmittelbaren Umgebung des betreffenden Strauches: die toten Blätter sind in ihrer Form meist noch deutlich zu erkennen und lassen sich mit den Fotografien der Sommerblätter vergleichen.

Bemerkungen zu den Abbildungen

1 *Salix aurita:* Strauch bis 2 m hoch; Zweige graubraun matt, oft grauflaumig; Blütenknospen eiförmig mit stumpfer, rundlicher Spitze, glatt kahl; kollin – subalpin bis 1800 m ü. M.; Blatt: Seite 66.

2 *Salix bicolor:* Strauch bis 3 m hoch; Zweige bräunlich bis dunkelrot, wenig glänzend, kahl; Knospen zugespitzt, zweigseitig leicht abgeplattet, seitlich mit Kante; subalpin, selten, Uferdämme von Gebirgsflüssen (bei Andermatt, Uri); Blatt: Seite 70, 133.

3 *Salix caesia:* sparrig verzweigtes Sträuchlein, selten über 70 cm hoch; Zweige kurz knotig, braun, matt; jüngste Triebe manchmal ziegelrot; Knospen zweigseitig deutlich abgeplattet mit seitlichen Kanten, Spitze abgerundet, manchmal schwach kurzhaarig; subalpin (Oberengadin); Blatt: Seite 74.

4 *Salix caprea:* Großer Strauch oder kleiner Baum; Rinde älterer Äste und des Stammes mit reihenweisen rautenförmigen Aufbrüchen; Zweige braun oder grünlich, matt, zumeist kahl; Knospen aus breit-rundlicher Basis kegelfömig zur Spitze verjüngt, zweigseitig leicht abgeplattet, braun, kahl; kollin – subalpin (bis Waldgrenze); Blatt: Seite 76.

5 *Salix daphnoides:* Baum, die zweijährigen Zweige und Knospen mit hellem, abwischbarem Wachsbelag (einzige Weide mit diesem Merkmal); subalpin, den Alpenflüssen bis in die Ebene folgend, häufig gepflanzt; Blatt: Seite 80.

6 *Salix elaeagnos:* höherer Strauch, seltener Baum; Zweige gelblichgrün; Knospen meist kahl, matt, schmal, dem Zweig anliegend, hellbraun bis schwarz, kahl; kollin bis subalpin; Blatt: Seite 82.

7 *Salix foetida:* Strauch dicht-, breitwüchsig, bis 110 cm hoch; Zweige dunkel rotbraun, kahl; Knospen abstehend, kurz zugespitzt, bräunlich, kahl; subalpin, vor allem in den Westalpen, auf saurer Unterlage; Blatt: Seite 84.

8 *Salix fragilis*: Hoher Baum in Flußauen; Zweige an der Basis leicht, knackend abbrechend, Verzweigung annähernd rechtwinklig; jüngere Triebe hell gelblichgrau,

Abgefallene, am Boden liegende Blätter lassen sich meistens auch im Winter durch Vergleich mit den Sommerblättern bestimmen.

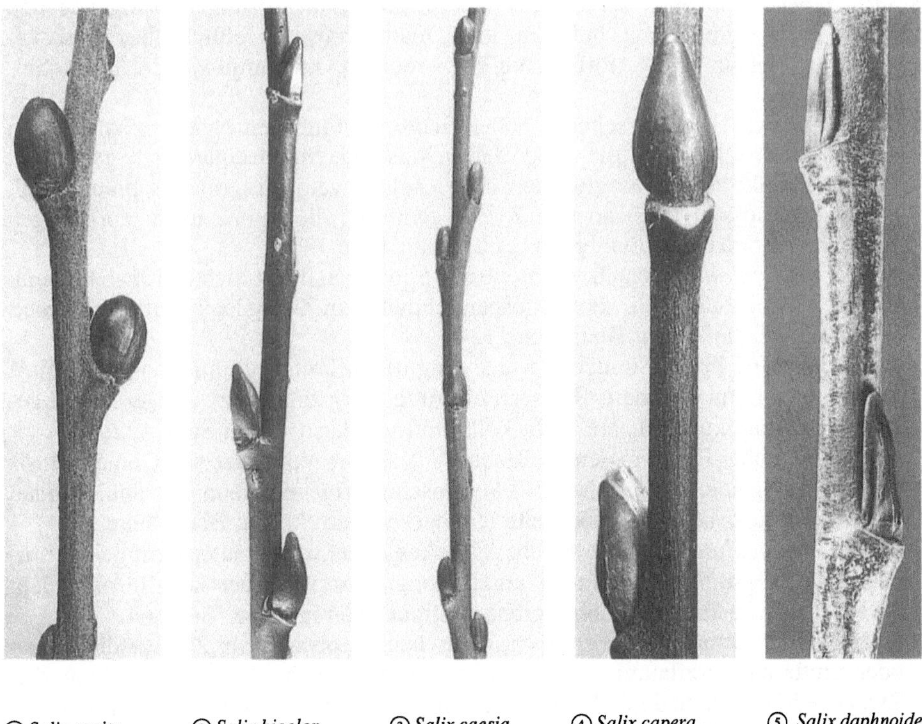

① *Salix aurita* ② *Salix bicolor* ③ *Salix caesia* ④ *Salix capera* ⑤ *Salix daphnoides*

glänzend, oft rötlich, kahl; Knospen zweigseitig flach, Spitze leicht aufgebogen, hell- bis dunkelrot, kahl; kollin; Blatt: Seite 86.

9 *Salix glabra:* Strauch bis 1,5 m hoch; Zweige oliv bis bräunlich, kahl; Knospen schmal, dem Zweig angedrückt, Spitze etwas aufgebogen, kahl, dunkelbraun; nur im Tessin, subalpin; Blatt: Seite 88.

10 *Salix hastata:* Strauch 0,8 bis 1,5 m hoch, dichtwüchsig; Zweige braun, kahl, seltener leicht kurzflaumig; Knospen aus breiter Basis zu stumpfer Spitze verjüngt mit leichten seitlichen Kanten, braun, kahl; montan bis subalpin; Blatt: Seite 92, 150.

11 *Salix mielichhoferi:* Strauch bis 2 m hoch, Zweige ockergelb bis braun, glänzend; Knospen dem Zweig flach anliegend, kahl, braun; subalpin, nur in den östlichen Alpen, in der Schweiz fehlend; Blatt: Seite 100.

12 *Salix nigricans ssp. alpicola:* Strauch bis 2,5 m hoch; Langtriebe des vorjährigen Wachstums dunkelrot bis schwarz, kahl, stark glänzend, glatt; junge diesjährige Triebe leicht flaumig; Knospen flach an den Zweig gedrückt, seitlich kantig, braun; subalpin; Blatt: Seite 106, 133.

13 *Salix pentandra:* Kleiner, seltener großer Baum, Zweige gelb bis rötlichbraun, glänzend, kahl; Knospen seitlich abstehend, kegelförmig, kahl; montan (Hochjura), subalpin; Blatt: Seite 108.

14 *Salix purpurea:* Dichtwüchsiger großer Strauch; Zweige bräunlich oder rot, kahl, wenig glänzend; Knospen oft gegenständig, leicht abgeplattet, aber nicht an den Zweig gepreßt, Spitze stumpf; kollin – montan, subalpin bis ca. 1200 m ü. M.; Blatt: Seite 112.
Über 1200 m Höhe die schlankere *Salix purpurea ssp. angustior*: Habitus ähnlich, aber alle Teile deutlich kleiner und schlanker (Seite 114).

15 *Salix repens:* schlanke, selten über 0,5 m lange, rutenförmig aufsteigende und wenig verzweigte Triebe, hellgrau, kahl, matt; Knospen seitlich abstehend, kegelförmig, leicht kantig, rötlich; kollin – montan, in Sumpfwiesen; Blatt: Seite 116.

16 *Salix triandra:* Strauch, seltener hoher Baum, in Flußauen nahe am Wasser; an älteren Ästen schält sich die Rinde fetzenweise ab; für Flechtarbeiten geschätzte Weide, Strünke oft zu Kopfweiden entwickelt; Zweig olivgrün bis braun, kahl, halbmatt; Knospen flach an den Zweig gedrückt, die Spitze leicht aufgebogen (ähnlich wie *Salix fragilis*), braun, kahl; Blatt: Seite 120.

17 *Salix waldsteiniana:* Strauch, selten über 0,5 m hoch, meist dichte Horste bildend; Zweige oliv bis bräunlich, kahl: Knospen schmal, dem Zweig leicht anliegend, kahl; subalpin, östliche Alpen; Blatt: Seite 124.

18 *Salix viminalis:* hoher Strauch; Zweige lang, rutenförmig, grünlich, an der Spitze meist dunkler, kurz behaart; Knospen eiförmig, kurz zugespitzt, zweigseitig abgeflacht, hellgrau, kurz behaart, matt; kollin, oft gepflanzt; Blatt: Seite 122.

19 *Salix alba:* hoher Baum in den Flußauen, Äste spitzwinklig verzweigt, an der Basis nicht auffällig leicht abbrechend; Zweige schmutzig gelbbraun mit anklebenden Härchen; Knospen flach, Außenseite fein hell behaart; kollin; Blatt: Seite 58.

20 *Salix appendiculata:* großer Strauch, Äste ohne reihenweise rautenförmige Aufbrüche; Zweige grünlichgrau, meist kurzflaumig; Knospen kurz kegelförmig, dem Zweig nicht angedrückt, gelblichgrün, zerstreut flaumig; Blatt: Seite 64.

21 *Salix cinerea:* Strauch bis 4 m hoch, breitwüchsig, oben flach; Zweige dicht grau oder zimtbraun kurzflaumig; Knospen kegelförmig, leicht abgeflacht, nicht an den Zweig gedrückt, dicht dunkelgrau kurzflaumig (nacktes Holz mit langen Striemen!); kollin – montan; Blatt: Seite 78.

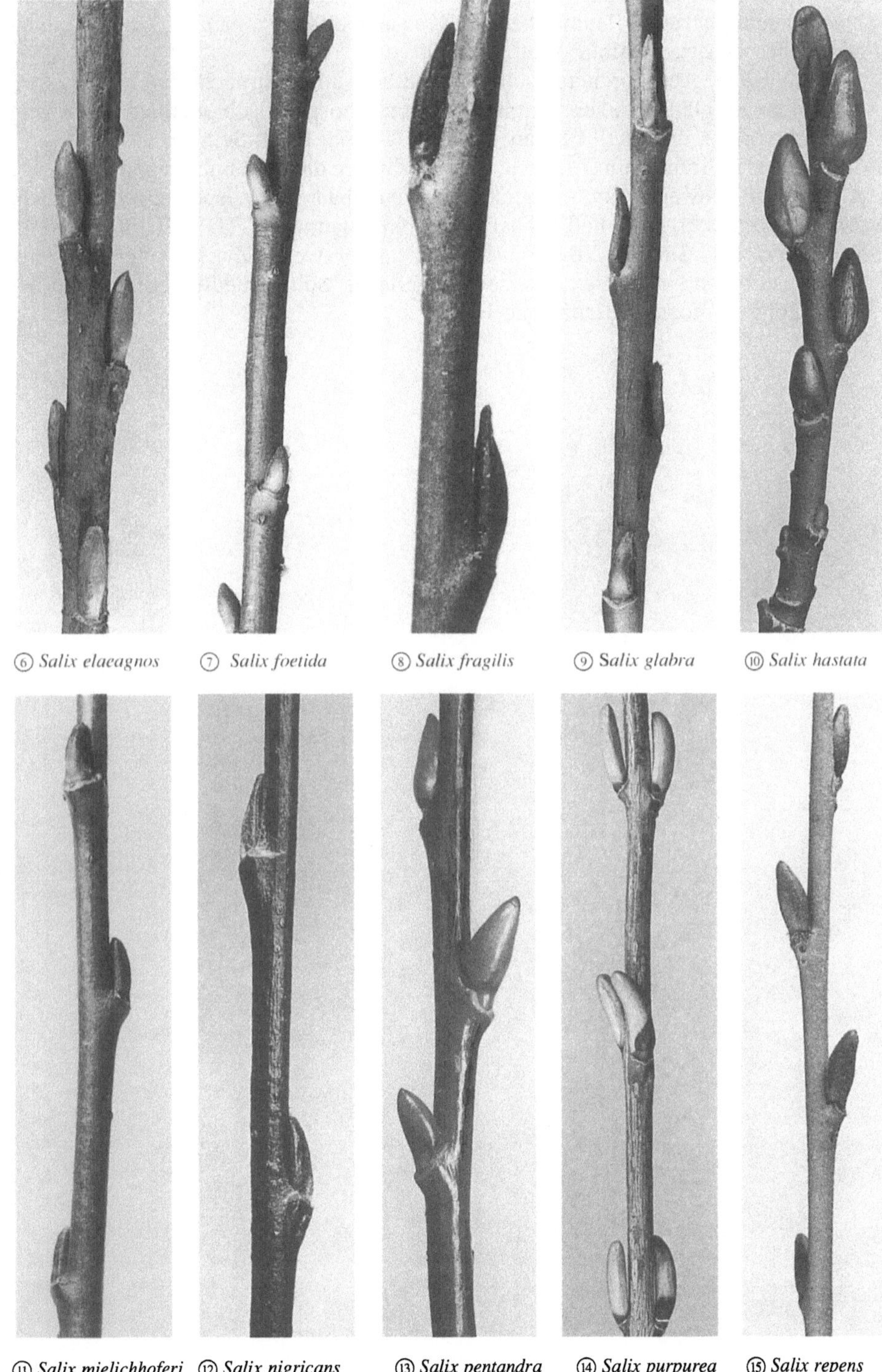

⑥ *Salix elaeagnos* ⑦ *Salix foetida* ⑧ *Salix fragilis* ⑨ *Salix glabra* ⑩ *Salix hastata*

⑪ *Salix mielichhoferi* ⑫ *Salix nigricans ssp. alpicola* ⑬ *Salix pentandra* ⑭ *Salix purpurea* ⑮ *Salix repens*

22 *Salix glaucosericea:* Strauch, um 70 cm hoch, ausgebreitet; junge Zweige rötlichbraun, leicht glänzend, flaumig behaart; Knospen eiförmig, nicht abgeplattet, dicht kraus hell behaart; subalpin; Blatt: Seite 90.

23 *Salix helvetica:* Ausgebreiteter, selten über 80 cm hoher Strauch; Zweige kurzknotig, goldbraun glänzend, zerstreut hell behaart; Knospen flach, nicht an den Zweig gedrückt, braun, dicht hell behaart; subalpin – alpin; Blatt: Seite 96.

24 *Salix laggeri:* Strauch um 2 m hoch; jüngere Zweige dicht flaumhaarig; mehrjährige Zweige z. T. schwarz, matt, mit zerstreuten Flaumhaaren; Knospen abgeflacht, dem Zweig angedrückt, dicht hell behaart; subalpin; Blatt: Seite 98.

25 *Salix nigricans:* Strauch 2 bis 5 m hoch, dicht verzweigt; Zweige schmutziggelb, dicht grau borstig; Knospen unterseits abgeflacht, Spitze rundlich, dicht grau behaart; kollin – montan; Blatt: Seite 104.

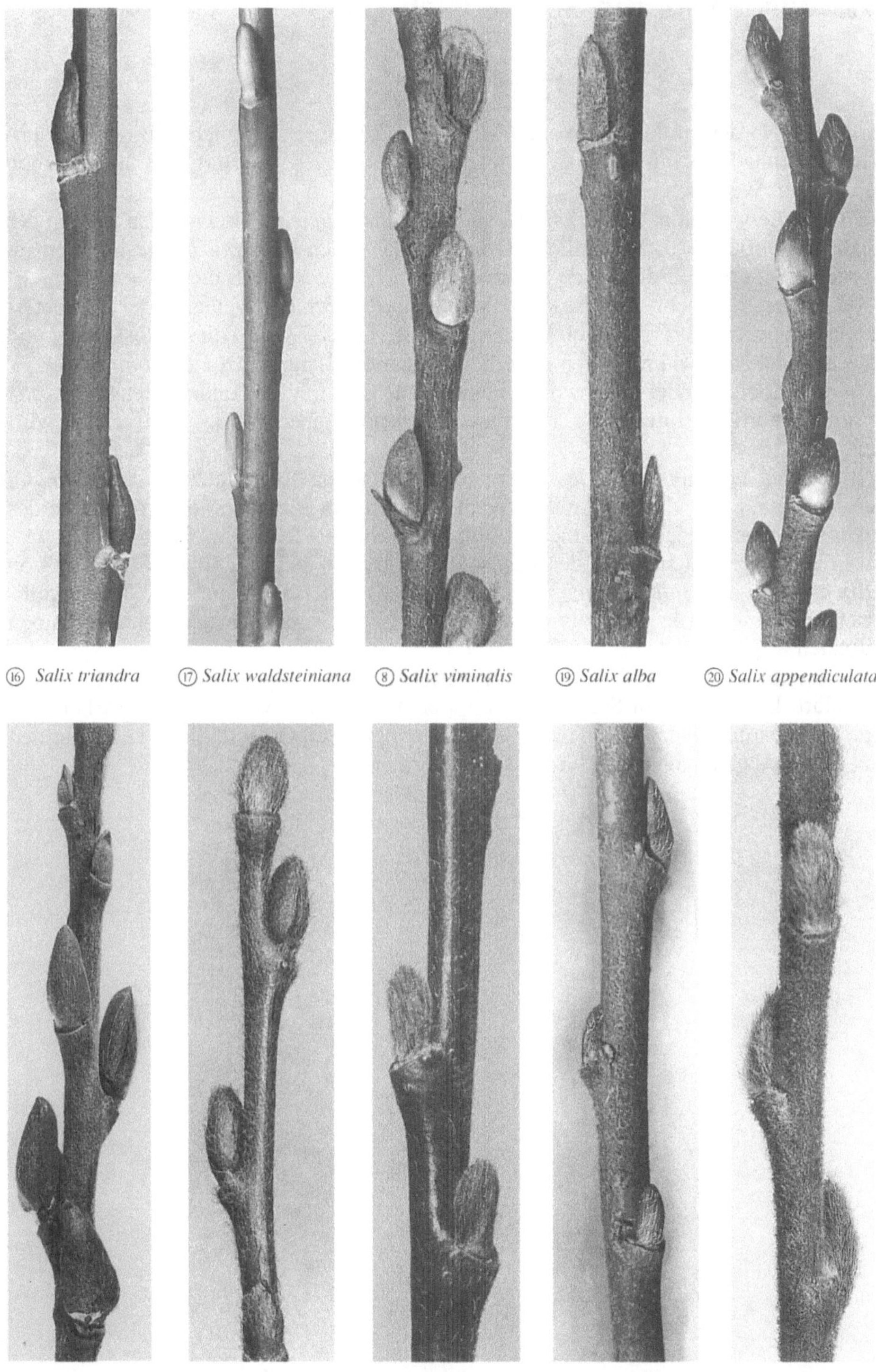

⑯ *Salix triandra* ⑰ *Salix waldsteiniana* ⑧ *Salix viminalis* ⑲ *Salix alba* ⑳ *Salix appendiculata*

㉑ *Salix cinerea* ㉒ *Salix glaucosericea* ㉓ *Salix helvetica* ㉔ *Salix laggeri* ㉕ *Salix nigricans*

Die Weidenflora in Schwedisch-Lappland

Im hohen Norden mit seinen weiten Mooren und undurchdringlichen Birkenwäldern ist die Gattung Salix mit 12 Arten vertreten. Einige Spezies sind Bergbewohner, ähnlich den alpinen Weiden.

Die Spalierweiden z. B. *Salix herbacea* und *Salix reticulata* sind auf den Bergen des ‚Fjäll' über 1000 m ü. M. ähnlich verbreitet wie in den Alpen. Dazu gesellt sich im Norden die zierliche Polarweide *Salix polaris; Salix retusa* fehlt hier!

Im oberen Randgebiet der Birkenwaldzone breitet sich ein Weidengürtel mit meterhohen Sträuchern und meist hell behaarten Blättern aus. Es sind dies *Salix glauca* und *Salix stipulifera* sowie mit ihren silberhell behaarten Blättern *Salix lapponum.*

In den Mooren findet man zwei kleinere Sträuchlein mit fast kahlen Blättchen: *Salix arbuscula* und *Salix myrsinites*, die früher auch mit alpinen Weiden verwechselt wurden.

In Pfützen und kleineren Gewässern blüht mit goldgelben Kätzchen *Salix lanata. Salix hastata*, diese alpin verbreitete Weide, kommt ebenfalls auf aridem Gelände des hohen Nordens vor, sie bildet hier oft winzige Kümmerexemplare.

In den kleinen Lichtungen des Birkenwaldes recken sich die hohen Sträucher von *Salix borealis* und *Salix phylicifolia* empor. *Salix phylicifolia* – Inbegriff einer nordischen Weide – wurde 1987 als Eiszeitrelikt an der Grimsel in den Schweizeralpen gefunden!

Noch sind die Verhältnisse der nordländischen zu den alpinen Weiden nicht völlig abgeklärt. Der Besuch in Schwedisch-Lappland durch die Autoren dieser Arbeit war eine Offenbarung: hier konnte man die Weidenspezies an Ort und Stelle kennenlernen und mit den bekannten mitteleuropäischen Formen vergleichen.

Bestimmungsschlüssel für die Weiden in Schwedisch-Lappland

1. Zwergsträucher, am Boden ausgebreitet (Spaliersträucher): 2

– Aufgerichtete kleine und große Sträucher: 4

2. Ganzes Pflänzchen am Boden ausgebreitet: 3

– Blätter und Kätzchen auf rötlichen Stielen aufragend; Blatt rundlich, ganzrandig, Oberseite mit tief eingesenktem Nervennetz; Kätzchen aufrecht, kolbenförmig: *Salix reticulata* (Seite 164)

3. Blättchen rundlich bis 12 mm Durchmesser, Rand gekerbt-gesägt, kahl; Nervennetz flach, durchscheinend; Kätzchen an den Triebenden, von Blättchen rosettenartig eingefaßt; Zweige z. T. unterirdisch: *Salix herbacea* (Seite 152)

– Blatt rundlich, 20 mm Durchmesser, ganzrandig, Spitze oft eingebuchtet, Oberseite stark glänzend; Kätzchen mit 5 bis 15 Blüten; Fruchtknoten zuerst grau behaart, verkahlend, dann leuchtend rot glänzend: *Salix polaris* (Seite 162)

4. Sträuchlein aufgerichtet, 20 bis 40 cm hoch; Zweige dünn, kahl; Blatt elliptisch bis 18 mm lang, hellgrün glänzend, Rand nicht in der ganzen Länge gesägt: *Salix arbuscula* (Seite 144)

– Strauch größer, 40 cm und mehr: 5

5. Strauch 40 bis 80 cm hoch: 6

– Sträucher 80 cm und höher, Kätzchen nicht goldgelb: 7

6. Äste knotig; Zweige schwärzlich-braun; Blatt elliptisch, 2 cm lang, Rand gesägt, dunkelgrün glänzend; dürre Blätter bleiben am Zweig hängen bis zum folgenden Sommer: *Salix myrsinites* (Seite 158)

– Äste grobknotig, hellbraun; Blatt breit-oval, ganzrandig, Spitze stumpf; Oberseite matt bläulich bis blaugrün, wollig behaart; Kätzchen zur Blütezeit dicht goldgelb behaart: *Salix lanata* (Seite 154)

7. Blatt dicht hell behaart, manchmal verkahlend: 8

– Blatt locker behaart oder kahl, grün, junge Blätter manchmal zuerst rötlich: .. 9

8. Blatt schlank lanzettlich, lang zugespitzt, ganzrandig, beiderseits silberweiß behaart; Blattnerven oberseits flach, unterseits vorspringend: *Salix lapponum* (Seite 156)

– Blatt lanzettlich, größte Breite im vorderen Teil, 4,5 cm lang, Oberseite leicht behaart, grün, später braun-violett bis schwarz werdend, Unterseite dicht behaart, verkahlend, Rand flaumig gesäumt: *Salix glauca* (Seite 148)

9. Fruchtknoten deutlich behaart: 10

– Fruchtknoten kahl oder verkahlend: 11

10. Blatt ganzrandig; Nebenblätter bis 1 cm lang, schmal zugespitzt, dicht behaart; Stiel des Fruchtknotens so lang wie das Nektarium:
Salix stipulifera (Seite 166)

– Blatt drüsig gezähnt; Nebenblätter nur am Ende von Langtrieben; Stiel des Fruchtknotens mindestens doppelt so lang wie die Nektardrüse:
Salix phylicifolia (Seite 160)

11. Äste grau knotig; Zweige schwarzbraun; Blätter spießförmig, Rand nicht ganz bis zur Spitze gesägt, Blattoberseite hellgrün; Kätzchen dicht mit Tragblatthaaren umhüllt: *Salix hastata* (Seite 150)

– Zweige rotbraun, diesjährige beblätterte Triebe dicht weiß filzig; Blätter breitelliptisch, Rand unregelmäßig gesägt, Blattoberseite dunkelgrün:
Salix borealis (Seite 146)

Diagnosen der Weiden in Schwedisch-Lappland

Alphabetische Reihenfolge

Salix arbuscula Linné 1753
Bäumchenweide
Schwed.: Risvide

Habitus Sträuchlein 30 bis 40 cm hoch, aufgerichtet, zierlich; Stämmchen und Zweige hellgrau bis rötlich, fein knotig, kahl.

Kätzchen bis 4 mm gestielt, männliche Kätzchen bis 1 cm lang, schlank zylindrisch, weibliche Kätzchen bis 1,5 cm lang, nach der Blütezeit nur wenig verlängert.

Tragblatt hell, gelblich gesäumt, Spitze bärtig.

Staubfäden kahl.

Fruchtknoten kurz gestielt, spindelförmig, 4 mm lang, fein behaart; Griffel kurz; Narbenäste gespreizt.

Nektarium 1, gestutzt.

Blütezeit Mitte bis Ende Juni.

Blatt elliptisch, 15 bis 18 mm lang, 8 mm breit, Rand nicht in der ganzen Länge gesägt, Oberseite lebhaft grün, glänzend, Unterseite bläulichgrün, matt, dünn behaart; 7 Paar Seitennerven; Blattstiel 1 mm lang; keine Nebenblätter.

Standort feuchte, sonnige Moore, verbreitet.

Fundort Skandinavien, Großbritannien.

In Mitteleuropa kommt *Salix arbuscula* nicht vor (früher wurden *Salix foetida* und *Salix waldsteiniana* ebenfalls als *Salix arbuscula* bezeichnet).

TAFEL 44

Salix arbuscula. Zweig mit weiblichen Kätzchen, leicht vergrößert.

Salix borealis Fries 1840
Nördliche Weide
Schwed.: Sätervide

Habitus Strauch 4 bis 7 m hoch; Äste und einjährige Zweige grau bis rotbraun, die jungen diesjährigen Triebe weiß, dicht behaart, verkahlend, später hellgrün bis bräunlich.

Kätzchen gestielt, am Stiel mit groben Blättern; männliche Kätzchen 18 mm lang, weibliche Kätzchen 30 bis 35 mm lang, kompakt zylindrisch.

Tragblatt an der Basis hellgrau, vorderer Teil dunkler, lang bärtig.

Staubfäden kahl.

Fruchtknoten kurz gestielt, ei-kegelförmig, zuerst fein behaart, verkahlend; Griffel 1,5 mm lang, gespalten; Narbenäste gespreizt.

Nektarium 1.

Blütezeit Juni.

Blatt breitelliptisch, bis 6 cm lang, 3 cm breit, kurz zugespitzt, Rand unregelmäßig gesägt, Hauptnerv dicht hellgrau längs behaart, Oberseite dunkelgrün, kahl, matt, Unterseite heller, zerstreut behaart; Hauptnerv und die 7 bis 8 Seitennerven leicht vorspringend, behaart; Blattstiel 6 mm lang, grau borstig; Nebenblätter klein, halbherzförmig, drüsig behaart; Blätter sitzen an den weißfilzigen Triebspitzen! Blatt beim Trocknen dunkel, braunschwarz werdend.

Standort lichte Birkenwälder, Sumpfwiesen, Ufer; bis zur Waldgrenze.

Fundort Nordschweden; Lappland; Rußland. *Salix borealis* vertritt im hohen Norden die dort nicht mehr vorkommende *Salix nigricans*, z. T. ähnliche Merkmale, z. B. Schwärzung der Blätter! *Salix borealis* kommt in Mitteleuropa nicht vor.

TAFEL 45

Salix borealis. W = junger Trieb dicht weiß behaart!

Salix glauca Linné 1753
Blaugrüne Weide
Schwed.: Ripvide

Habitus ausgebreiteter aufrechter Strauch, bis ca. 1 m hoch; Äste und ältere Zweige braun, behaart, verkahlend; junge, diesjährige Triebe meist dicht weißfilzig.

Kätzchen zylindrisch, männliche Kätzchen 2 cm lang, weibliche Kätzchen 4,5 cm lang.

Tragblatt hell mit schmalem gelbbräunlichem Vorderrand, dicht behaart, bärtig, später wird das Tragblatt bräunlich.

Staubfäden zerstreut behaart.

Fruchtknoten kurz gestielt, spindelförmig, dicht weiß behaart; Griffel kurz, gespalten; Narbenäste gespreizt.

Nektarium 1, manchmal gespalten.

Blütezeit Juli.

Blatt lanzettlich, 3 bis 5 cm lang, größte Breite im vorderen Teil, zugespitzt, keilförmig in den Blattstiel laufend, ganzrandig, Oberseite grün bis bläulichgrün, matt, leicht behaart, Rand dicht flaumig, Unterseite mit vorspringenden Blattnerven, dicht behaart, verkahlend, dann Blatt bräunlich; Nebenblätter sehr klein oder fehlend.

Standort Moore; schöne Bestände im oberen Weidengürtel; seltener auf Kalkunterlage.

Fundort In Skandinavien weit verbreitet.

In den Alpen wurde eine ähnliche Weide als *Salix glauca* bezeichnet. Floderus trennte sie 1939 von dieser nordländischen Spezies und beschrieb die alpine Form als *Salix glaucosericea*.

Salix glauca. Sommerblätter, natürl. Größe.

Salix glauca. Weibliches Kätzchen, 2 × vergrößert.

Salix hastata Linné 1753
Spießweide
Schwed.: Blekvide

Habitus Strauch vielgestaltig: niederliegend, bogig aufsteigend oder meterhoch; Äste graubraun, kahl, stark verzweigt; junge Triebe braun bis rötlich, kurz knotig, zuerst meist dicht hell behaart, mehr oder weniger verkahlend.

Kätzchen Stiel grau flaumig mit kleinen Blättchen; männliche Kätzchen hellgrau behaart, 3 bis 4 cm lang, weibliche Kätzchen dicht behaart, zylindrisch, bis 5 cm lang.

Tragblatt Basis hell, dicht kraushaarig, vorderer Teil schwarz, langbärtig.

Staubfäden kahl; Staubbeutel rötlich, Pollen gelb.

Fruchtknoten deutlich gestielt, kahl, seitlich zusammengedrückt; Griffel abgesetzt; Narbenäste seitwärts bis aufwärts gespreizt.

Nektarium 1, länglich keulenförmig.

Blütezeit zweite Hälfte Juni.

Blatt verkehrt-eiförmig, spießförmig, 4 bis 5 cm lang, kurz zugespitzt, Rand meist nicht bis zur Spitze gesägt! Oberseite lebhaft grün, matt, junge Blätter zuerst oft rot angelaufen, kahl, Unterseite bläulichgrün; Blattnerven vorspringend, aber das feine Nervennetz flach, dunkel graviert (in der Durchsicht oft hell! Blattstiel bis 4 mm lang, braun, kahl; Nebenblätter klein, zugespitzt.

Standort feuchte Böden, Lichtungen, Wegränder, Birkenwaldzone bis subalpin.

Fundort Skandinavien; Halbinsel Kola; in Mitteleuropa in den Alpen weit verbreitet (Seite 92).

Salix hastata. Weibliches Kätzchen, vergrößert.

Salix herbacea Linné 1753
Krautweide
Schwed.: Dvärgvide

Habitus auf dem Boden flach ausgebreitetes Sträuchlein; Zweige z. T. unterirdisch.

Kätzchen kurz gestielt, Blüten an den Triebenden, von grünen Blättchen rosettenartig eingefaßt.

Tragblatt einfarbig, Spitze oft purpurn gesäumt mit spärlichen Härchen.

Staubfäden kahl; Staubbeutel rötlich, Pollen gelb.

Fruchtknoten spindelförmig, kurz, kahl; Griffel kurz.

Nektarien 2.

Blatt rundlich, ca. 12 mm Durchmesser, Rand fein gekerbt-gesägt, Oberseite sattgrün glänzend, kahl; Nervennetz hell durchscheinend.

Standort nordische Gebirgsweide, um 800 m ü. M., an Stellen, an denen der Schnee lang liegenbleibt (Schneetälchen).

Fundort Verbreitung auch in den Alpen z. T. bis über 3000 m ü. M., auf Urgestein, in Schneetälchen.

TAFEL 48

Salix herbacea. Männliche Kätzchen, 2 × vergrößert.

Salix lanata Linné 1753
Wollweide
Schwed.: Ullvide

Habitus ausgebreiteter, aufgerichteter Strauch, 20 bis 60 cm hoch; Äste grob knotig, hellbraun; jüngere Zweige weiß filzig, später verkahlend.

Kätzchen zylindrisch, männliche Kätzchen 4 cm lang, weibliche Kätzchen 5 cm lang, zur Blütezeit prächtig goldgelb behaart!

Tragblatt ganze Länge dunkel, Spitze dicht-langbärtig; Tragblatthaare zur Blützezeit goldgelb!; nach der Blütezeit verblaßend.

Staubfäden manchmal locker zusammengewachsen; Staubbeutel gelb.

Fruchtknoten kurz gestielt, spindelförmig, kahl, grün; Griffel 2 mm lang; Narbenäste gespreizt.

Nektarium 1, länglich.

Blütezeit Mitte Juni bis Juli.

Blatt breitoval bis rundlich, ganzrandig, vorn abgerundet, oft wellig, Oberseite flach, Nervennetz nicht vorspringend, bläulich, zuerst dicht filzig, teilweise verkahlend, am Blattgrund gelblichgrün schimmernd, mit kurzen Härchen, Unterseite mit vorspringendem Nervennetz, 5 bis 7 Paar Seitennerven, behaart; Nebenblätter bis 10 mm lang, behaart.

Standort Moore, feuchte Stellen, in kleinen Wasserläufen, bis ca. 800 m ü. M.

Fundort Nordskandinavien; Island; Großbritannien; Rußland. In Lichtungen des Birkenwaldes bei Abisko, an den Berghängen im Weidengürtel; fehlt in Mitteleuropa!

TAFEL 49

Salix lanata. Blütenkätzchen goldgelb.

Salix lapponum Linné 1753
Lappenweide
Schwed.: Lappvide

Habitus ausgebreiteter, bis 1 m hoher Strauch; ältere Äste kahl, knotig; Zweige angedrückt filzig; Habitus sehr variabel.

Kätzchen kurz gestielt, männliche Kätzchen 25 mm lang, weibliche Kätzchen 30 mm lang, nach der Blütezeit verlängert bis 45 mm.

Tragblatt dunkel, langbärtig.

Staubfäden kahl.

Fruchtknoten dicht gelblichweiß behaart; Griffel bis 3 mm lang; Narbenäste seitwärts gebogen.

Nektarium 1, breit, gestutzt.

Blütezeit Juni bis Juli.

Blatt schlank lanzettlich, lang zugespitzt, beidseitig auffällig silberweiß behaart; Hauptnerv und 12 Paar Seitennerven durch die zarte Behaarung erkennbar, die Seitennerven stark nach vorn gebogen; Blatt ganzrandig, Blattstiel 5 mm lang, borstig; Nebenblätter selten.

Standort feuchtes Gelände, am Rand von Gewässern; vorwiegend auf Urgestein.

Fundort Nordskandinavien; Rußland; Schottland; Pyrenäen; Karpaten; Frankreich;

Fundorte in der Auvergne: In sumpfigen Lagen vulkanischer Böden in den französischen Zentralalpen verbreitet; ausgedehnte Bestände im Massif du Sancy; Sträucher dicht buschig; Blätter z. T. breitelliptisch, beidseitig dicht weiß behaart, oberseits z. T. kurz lockig; sehr variabel, Habitus manchmal vom nordischen Typus abweichend!

TAFEL 50

1

2

Salix lapponum. ① weiblicher Strauch; ② Blattunterseite.

Salix lapponum aus der Auvergne.

Salix myrsinites Linné 1753
Glanzweide
Schwed.: Glansvide

Habitus sparriges Sträuchlein, 20 bis 40 cm hoch; Zweige schwärzlichbraun, knotig, jüngere Zweige locker behaart, ältere z T. schuppig.

Kätzchen zylindrisch, männliche Kätzchen 15 mm lang, weibliche Kätzchen im Reifezustand bis 4 cm lang.

Tragblatt schwarz, behaart, Spitze bärtig.

Staubfäden kahl.

Fruchtknoten sitzend, ei-kegelförmig, im Reifezustand purpurn, verkahlend; Griffel 1 mm lang; Narbe vierteilig.

Nektarium 1, kurz gestutzt.

Blütezeit Juni.

Blatt elliptisch, zugespitzt, 18 bis 20 mm lang, Rand gesägt, Oberseite dunkelgrün glänzend, zerstreut behaart, verkahlend, Unterseite kahl oder locker behaart, stark glänzend; Blattstiel 3 mm lang; Nebenblätter klein, drüsig.
Letztjährige Blätter bleiben bis zum folgenden Sommer verdorrt am Zweig hängen.

Standort Kalkmoore.

Fundort Moor oberhalb der Bahnstation Abisko; *Salix myrsinites* kommt in Mitteleuropa nicht vor, wurde hier früher mit *Salix breviserrata* verwechselt.

TAFEL 51

Salix myrsinites. Letztjährige verdorrte Blätter.

Salix phylicifolia Linné 1753
Nordische Grünweide
Schwed.: Grönvide

Figur 43
2 Fruchtknoten mit gemeinsamem Tragblatt

Habitus Strauch bis 1,5 m hoch, dichte Gebüsche bildend, Triebe straff aufrecht, oliv, braun bis rötlich, matt; Äste dunkelbraun, rauh, leicht knotig; Holz mit kurzen, deutlichen Striemen; die Triebspitzen und Kätzchen werden in den Alpen oft von Gemsen abgerauft.

Kätzchen bis 4 cm lang, zylindrisch, mit dicht gepackten Blüten.

Tragblatt zweifarbig, Spitze schwarz, lang bärtig.

Staubfäden kahl, Pollen gelb.

Fruchtknoten lang gestielt, dicht weiß behaart.
Am Fundort abnorme Blüten**:** *je 2 Fruchtknoten* an ihren langen Stielen mit *einem Tragblatt* und einem Nektarium *vereinigt.*

Blütezeit März bis Ende Mai (von der Schneeschmelze abhängig).

Blätter Junges Blatt unterseits zuerst behaart, verkahlend; Sommerblatt lanzettlich, 6 bis 10 cm lang, 2,5 cm breit, selten ganzrandig, meist unregelmäßig drüsig gesägt, oft wellig, Oberseite sattgrün, stark glänzend, kahl, Unterseite heller, glauk, Wachsbelag bis zur Spitze, Blattnerven vorspringend, bis 15 Paar Seitennerven; Nebenblätter nur an den obersten Blattansätzen der Langtriebe.

Standort sonnige feuchte Mulden auf Granitunterlage.

Fundort Schweizeralpen, Grimselgebiet, bei „Sonnig Aar“ am Weg zur Lauteraarhütte SAC, 1950 m ü. M.; Abisko, Schweden.

(Mitteleuropäische *Salix phylicifolia* siehe Seite 110)

1

2

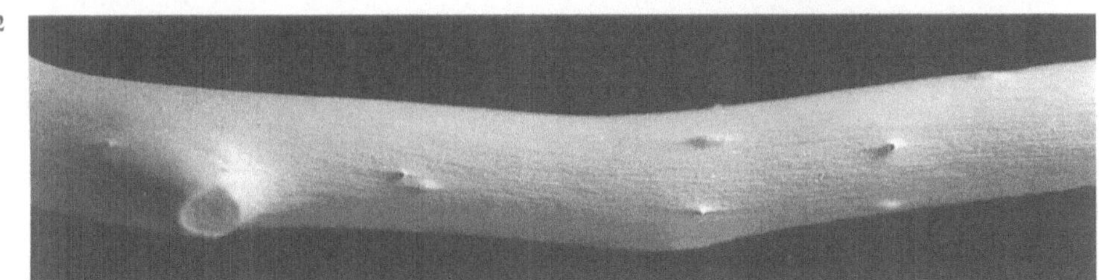

Salix phylicifolio von Abisko, Schweden ① Weibliche Kätzchen, Samenblätter; ② nacktes Holz mit kurzen Striemen.

Salix polaris Wahlenberg 1812
Polarweide
Schwed.: Polarvide

Habitus am Boden flach angedrücktes Sträuchlein; Äste zum Teil unterirdisch; Zweige kahl, braun glänzend.

Kätzchen sehr klein, mit 5 bis 15 Blüten.

Tragblatt schwärzlich bis dunkelrot, bärtig.

Staubfäden kahl; Staubbeutel rot, Pollen gelblich.

Fruchtknoten zuerst grünlich, dicht grau behaart, später z. T. verkahlend, leuchtend scharlachrot, mit glänzenden Härchen überstreut, 5 mm lang, spindelförmig; Griffel 1 mm lang, gespalten; 4 Narbenäste.

Nektarium 1, keulenförmig.

Blütezeit Mitte Juni bis Juli.

Blatt rundlich, 1 bis 2 cm Durchmesser, ganzrandig, vorn manchmal leicht ausgerandet, beidseitig kahl, Blattstiel 2 bis 4 mm lang, Blattnerven vorspringend, bräunlich, 5 Paar Seitennerven, Oberseite freudiggrün glänzend; Nebenblätter selten.

Standort kahle, felsige Stellen auf Feinschutt, vorwiegend Kalk; oft zusammen mit *Salix herbacea*; an der oberen Grenze des Weidengürtels, 800 bis 900 m.

Fundort Nordskandinavien, östlich bis Rußland; bei Abisko an den oberen steinigen Hängen des Njulla und im Kärkevakkatal.

Z. T. Bastarde mit *Salix herbacea* (Blattrand gesägt).

Salix polaris. weibliche Pflanze, 3 × vergrößert.

Salix polaris. Junge, behaarte Fruchtknoten.

Salix reticulata Linné 1753
Netzblättrige Weide
Schwed.: Nätvide

Habitus Sträuchlein über dem Boden ausgebreitet; Blätter und Kätzchen auf rötlichen Stielen aufragend.

Kätzchen gestielt, straff aufgerichtet, kolbenförmig, rot, flaumig, dicht blütig.

Tragblatt hellrot, dicht behaart, bärtig.

Staubfäden an der Basis behaart; Staubbeutel ockergelb, Pollen gelb.

Nektarien 2.

Blatt deutlich rundlich, ganzrandig, der Rand umgebogen, Oberseite mit tief eingesenktem, dichtem Nervennetz, dunkelgrün, glänzend, kahl oder grau flaumig, Unterseite mit stark vorspringendem dichtem Nervennetz.

Standort feuchter Schutt, Kalk bevorzugend.

Verbreitung in Mitteleuropa: Alpen, Voralpen, auf Kalk.

Salix reticulata. Weibliches Kätzchen, 2 × vergrößert.

Salix stipulifera Floderus ex Hayrén 1929
Syn.: *Salix glauca ssp. stipulifera* Hayrén
Russenweide
Schwed.: Ryssvide

Habitus ausgebreiteter Strauch bis 1,5 m hoch; Äste und ältere Zweige braun-schwarz; jüngste Triebe hellgrün, dicht weiß behaart.

Kätzchen zylindrisch, männliche Kätzchen 2 cm lang, weibliche Kätzchen bis 4,5 cm lang.

Tragblatt Vorderrand gelblich-braun, dicht behaart; bärtig, später das ganze Tragblatt dunkel.

Staubfäden kahl oder zerstreut behaart.

Fruchtknoten kurz gestielt, ei-kegelförmig, dicht hell behaart; Griffel 1 mm lang.

Nektarium 1.

Blütezeit Juni (vor *Salix glauca*).

Blatt lanzettlich, größte Breite etwas über der Mitte, zugespitzt, ganzrandig, bis 7 cm lang, Oberseite sattgrün, wirr behaart, Unterseite bläulichgrün, locker behaart; Nebenblätter 1 cm lang, schmal zugespitzt, dicht behaart.

Standort im nordischen Weidengürtel auf feuchten Böden.

Fundort Nordskandinavien; arktisches Rußland; fehlt in Mitteleuropa.

Salix stipulifera. ① weibliche Kätzchen; ② Sommerblätter mit spitzen Nebenblättern.

Literatur

1986 Binz, A. und Heitz, C.: Schul- und Exkursionsflora für die Schweiz. 18. Aufl. Schwabe & Co AG Verlag Basel
1924 Blackburn, K. B. und Harrison, J. W. H.: A preliminary account of the chromosomes and chromosome behaviour in the Salicaceae. *Ann. Bot.* 38: 361–378.
1985, 1986 Büchler, W.: Neue Chromosomenzählungen in der Gattung Salix. Botanica Helvetica 95/2 und 96/2. Birkhäuser Verlag Basel.
1988 Büchler, W.: *Salix hegetschweileri* Heer und *Salix apennina* Skvortsov im Tessin. Botanica Helvetica 98/1. Birkhäuser Verlag Basel.
1920 Braun-Blanquet, J.: Schedae ad floram Raeticam exsiccatum, 3. Lieferung.
1883 Buser, R.: Kritische Beiträge zur Kenntnis der schweizerischen Weiden [verfaßt 1883, herausgegeben durch W. Koch 1940]. Ber. Schweiz. Bot. Ges. 50 (1940).
1895 Buser, R.: *S. nigricans var. alpicola.* In Jaccard, Catalogue de la flore Valaisanne. Denkschr. Schweiz. Naturf. Ges. 34.
1979 Chmelar, J. und Meusel, W.: Die Weiden Europas. Neue Brehm-Bücherei, A. Ziemsen Verlag, Wittenberg Lutherstadt.
1940 Floderus, B.: Two Linnean Species of Salix and their Allies. Arkiv f. Botanik 29 A. No. 18.
1840 Hegetschweiler, J.: Flora der Schweiz; herausgegeben von O. Heer Zürich.
1967 Hess, E.; Landolt, E.; Hirzel, R.: Flora der Schweiz. Birkhäuser Verlag Basel.
1992 Hörandl, E.: Die Gattung Salix in Österreich. Zoolog.-botan. Gesellschaft Österreich, Bd. 27.
1860 Kerner, A.: Niederösterreichische Weidenarten. Verh. zool.-bot. Ges. Wien, 10.
1984 Lautenschlager, E.: *Salix alpina,* ein Weiden-Erstfund in der Schweiz. Bauhinia 8/1.
1985 Lautenschlager, D. und E.: Der Gletschboden, ein Weidenparadies. Bauhinia 8/2.
1986 Lautenschlager, D. und E.: *Salix laggeri* Wimmer – Monographie einer wenig bekannten Weide. Bauhinia 8/3.
1987 Lautenschlager, D. und E.: *Salix purpurea L. ssp. angustior,* eine neu erfaßte subalpine Weidensippe. Bauhinia 8/4.
1988 Lautenschlager, D. und E.: Zur Abklärung der *S. nigricans ssp. alpicola.* Bauhinia 9/1.
1989 Lautenschlager, D. und E.: *Salix phylicifolia,* ein Neufund in den Schweizeralpen. Bauhinia 9/2.
1990 Lautenschlager, D. und E.: *Salix bicolor* Willd., Funde in der Schweiz. Bauhinia 9/3.
1991 Lautenschlager, D. und E.: Zur Abklärung der *Salix hegetschweileri* Heer. Bauhinia 9/4.
1992 Lautenschlager, D. und E.: Unterschiede zwischen alpinen und nordländischen Weiden. Bauhinia 1/92.
1993 Lautenschlager, D. und E.: Zur Unterscheidung von *Salix fragilis* von ihrem Bastard *Salix* × *rubens.* Bauhinia 11/1.
1962 Mang, F.: Zur Kenntnis der gegenwärtigen Vertreter der Salix-Sektion Incubacea. Mitt. Arbeitsgem. Flor. Schleswig-Holstein 10.

1984 Martini, F. und Paiero, P.: Il genere Salix L. in Italia. Atti dell' Istituto di Ecologia e Selvicoltura – Università degli studi, Padova. III: 176–177.
1958 Moor, M.: Pflanzengesellschaften schweizerischer Flußauen. Mitt. Schweiz. Anst. Forstl. Versuchsw. 34.
1972 Neumann, A. und Polatschek, A.: Cytotaxonomischer Beitrag zur Gattung Salix. Ann. Naturhistor. Mus. Wien 76.
1981 Neumann, A.: Die mitteleuropäischen Salix-Arten [1955 vom Autor abgeschlossene Arbeit]. Mitt. Forstl. Bundes-Versuchsanst. Wien Heft 134.
1981 Oberdorfer, : Exkursionsflora, 6. Auflage. Verlag Eugen Ulmer Stuttgart.
1981 Oberli, H.: *Salix myrtilloides* – Zum einzigen schweizerischen Vorkommen dieser Reliktgehölzart im Kanton St. Gallen. Jahrb. St. Gall. Naturwiss. Ges. 81.
1981 Paiero und Martini: Il Genere Salix in Italia. Padua, Volume III, Publ. Nr. 4.
1983 Polatschek, A.: *Salix laggeri* Wimm. und *Salix mielichhoferi* Saut.: Ihre Verbreitung in Österreich und angrenzenden Gebieten. Verh. Zool.-Bot. Ges. Österreich 121.
1957 Rechinger, K. H.: Zwei verkannte Salix-Arten in den Ostalpen. Sitzungsber. Österreich. Akad. Wiss., Math.-naturw. Kl. Abt. I.
1957 Rechinger, K. H.: in Hegi: Flora in Mitteleuropa III.
1849 Sauter, E.: Salix mielichhoferi. Flora Regensburg 32.
1973 Schiechtl, M.: Sicherungsarbeiten im Landschaftsbau. Callwey München.
1821 Schleicher, J. C.: Catalogus hucusque absolutus omnium plantarum in Helvetia, Bex.
1789 Schrank, : Bayerische Flora *(Salix × rubens)*
1815 Seringe, N. C.: Essai d'une monographie des Saules de la Suisse, Berne.
1991 Shao, Y.: Phytochemischer Atlas der Schweizer Weiden. Diss. ETH Zürich, Nr. 9532.
1965 Skvortsov, A.: Novitates Systematicae Plantarum Vascularium. Vol. 2: 90–91.
1915 Toepffer, A.: Salices Bavarie. Ber. Bayer. Botan. Ges. 15.
1964 Tutin/Heywood et al.: Flora Europaea. Cambridge University press.
1982 Welten, M. und Sutter, R.: Verbreitungsatlas der Farn- und Blütenpflanzen der Schweiz. Birkhäuser Verlag Basel, Boston, Stuttgart.
1806 Willdenow, C. L.: Salix. In Species Plantarum. T. 4,2 Berlin.
1849 Wimmer, F.: Verzeichnis der in Schlesien wildwachsenden Weiden. Regensburger botan. Zeitung.
1866 Wimmer, F.: Salices Europaeae. Sumtibus Fernandi Hirt, Vratislavie.

Register der Weiden

Mitteleuropäische Weiden

Wissenschaftliche Namen

Deutsche Namen

Nordschwedische Weiden

Wissenschaftliche Namen

deutsch:

schwedisch:

EINE LANDSCHAFT IM WANDEL

Werner A. Gallusser, André Schenker (Hrsg.)

Die Auen am Oberrhein
Les zones alluviales du Rhin supérieur

Ausmaß und Perspektiven des Landschaftswandels am südlichen und mittleren Oberrhein seit 1800

Eine umweltdidaktische Aufarbeitung

1992. 200 Seiten. Gebunden.
145 meist farbige Abbildungen, Zeichnungen und Karten.
ISBN 3-7643-2805-3

deutsch / französisch

Das Buch zeigt die ökologischen Auswirkungen der Oberrheinbegradigung für den Landschaftshaushalt, die Landnutzung und die Fauna und Flora. Die Dynamik dieser Veränderung wird im Text erläutert und mit zahlreichen Bildern visuell verdeutlicht.

Dieses Werk wurde von Fachleuten für ein interessiertes Publikum geschrieben, das heißt für alle Freunde des Auenwaldes und des Oberrheins. Als Grundlage diente das fachwissenschaftlich und technisch umfassende Schrifttum, das didaktisch sorgfältig aufbereitet und mit Reproduktionen alter Karten, Farbbildern und instruktiven Graphiken reich ergänzt wurde. Alle Legenden sind zweisprachig deutsch und französisch verfaßt.

Birkhäuser Verlag • Basel • Boston • Berlin